装配式装修干式工法

主　编　王宏刚
副主编　赵　民　周　波　王海青

河北广大住品科技发展有限公司　河北广大保雅装饰工程有限公司
黑石深化　联合出品

中国建筑工业出版社
CHINA ARCHITECTURE & BUILDING PRESS

图书在版编目 (CIP) 数据

装配式装修干式工法 / 王宏刚主编 . - 北京 : 中国建筑工业出版社 , 2020.2
ISBN 978-7-112-24809-4

Ⅰ. ①装… Ⅱ. ①王… Ⅲ. ①建筑装饰—工程施工—研究 Ⅳ. ① TU767

中国版本图书馆 CIP 数据核字（2020）第 022554 号

责任编辑：滕云飞　胡　毅
责任校对：王　烨
装帧制作：耿丽丽　谢春辉（后嘉文化）

装配式装修干式工法
主编　王宏刚　　　副主编　赵　民　周　波　王海青
*
中国建筑工业出版社出版、发行（北京海淀三里河路9号）
各地新华书店、建筑书店经销
上海安枫印务有限公司印刷
*
开本：880×1230 毫米　1/16　印张：10¾　字数：257 千字
2020 年 8 月第一版　2020 年 8 月第一次印刷
定价：108.00 元
ISBN 978-7-112-24809-4
（35248）

内容提要

- 装配式装修是将工厂生产的部品、部件在施工现场进行组合安装的装修方式，主要包括干式工法楼地面、墙面、吊顶、集成厨房、集成卫生间、管线与主体结构分离布设等。装配式装修作为装配式建筑的重要环节和组成部分，除了环保、健康等基础属性之外，最大的特点就是施工速度快，可大大提升装修效率，节约装修成本，提高人们的居住生活品质，创造更好的社会、经济和环境效益。
- 本书通过三维剖视图、结构拆解图、细节特写图、CAD 剖面图和文字解析等详细讲解装配式装修中各类部品的干法施工工艺，包括集成楼地面干法施工系统、集成墙面干法施工系统、集成隔墙干法施工系统、集成吊顶干法施工系统、集成吊顶收口顶角线、集成墙面收口线条、踢脚线收口线条等。
- 本书适合室内设计师，大专院校室内设计及环境艺术专业师生，建筑装饰施工企业管理及技术人员参考阅读。

作者简介

王宏刚

· 河北广大住品科技发展有限公司、河北广大保雅装饰工程有限公司董事长，河北省装配式装修专家委员会委员，广大住品装配式装修干式工法 15 大集成体系研发牵头人，拥有 40 余项装配式装修施工工艺和部品部件的发明及实用新型专利。主编《装配式装修干式工法》、《装配式装修干式工法施工培训教材》，参与中国建筑标准设计研究院有限公司主编的《居住建筑装配式内装性能评价与认证标准》、中国建筑设计研究院有限公司主编的《箱板钢结构装配式住宅技术标准》的编制工作。

赵　民

· 河北广大保雅装饰工程有限公司执行总经理、河北广大住品科技发展有限公司副总经理，拥有 20 多年装饰工程施工和管理经验，广大住品装配式装修干式工法 15 大集成体系的主要研发人员。参编《装配式装修干式工法》、《装配式装修干式工法施工培训教材》，参与中国建筑标准设计研究院有限公司主编的《居住建筑装配式内装性能评价与认证标准》、中国建筑设计研究院有限公司主编的《箱板钢结构装配式住宅技术标准》的编制工作。

周　波

• 河北广大住品科技发展有限公司执行总经理、河北广大保雅装饰工程有限公司副总经理，拥有丰富的装饰工程施工和管理经验，广大住品装配式装修干式工法 15 大集成体系主要研发人员，主要负责装配式装修部品生产、加工集成、施工工作。参编《装配式装修干式工法》、《装配式装修干式工法施工培训教材》，参与中国建筑标准设计研究院有限公司主编的《居住建筑装配式内装性能评价与认证标准》、中国建筑设计研究院有限公司主编的《箱板钢结构装配式住宅技术标准》的编制工作。

王海青

• 黑石深化机构创始人、深化设计师、深化讲师、自媒体人 。 从事深化设计 15 年，项目遍布全国及海外。主张用宏观的角度看待这个行业，提出“我来控制图纸，图纸控制项目”的深化理念 。多年来致力于培养室内深化设计人才，在室内深化设计领域具有一定影响力。编著出版《材料收口》、《极简收口》、《极易收口》等书籍，累计销售十余万册。

装配式装修
15
大部品体系

快装分电系统
智能家居系统
快装给水系统
同层排水系统
集成套装门系统
干法快装地面瓷砖
集成卫生间系统
干法快装墙面瓷砖
集成收纳系统
架空地板模块
集成新风系统
集成隔墙系统
集成吊顶系统
集成厨房系统
集成墙板系统

集成吊顶系统
干法快装墙面瓷砖
集成隔墙系统
集成智能家居系统
集成墙板系统
集成厨房系统
集成新风系统
集成套装门系统
同层排水系统
集成卫生间系统
干法快装地面瓷砖
集成快装分电系统
集成收纳系统
集成快装给水系统
集成架空模块系统

前　言

• 2016 年以来，国家相继出台了多项推广装配式建筑的相关政策，如国务院出台的《关于大力发展装配式建筑的指导意见》，住房和城乡建设部印发的《"十三五"装配式建筑行动方案》、《装配式建筑示范城市管理办法》，要求到 2020 年全国装配式建筑占新建建筑的比例达到 15% 以上。由此可见，我国装配式建筑的发展前景广阔，市场巨大。

• 装配式装修作为装配式建筑的重要环节，具有标准化设计、工厂化生产、装配化安装、智能化应用、信息化管理的基本特征，同时还具备干法作业、装配可逆的突出特点。

• 2018 年 10 月，在北京召开的第十七届中国国际住宅产业暨建筑工业化产品与设备博览会上，住房和城乡建设部陈宜明总工程师指出装配式建筑要坚持"四个不变"，即：信心不变、标准不变、思路不变、目标不变。要解决三个问题：一是完善技术体系；二是要探索适合装配式建筑建造方式的管理模式；三是要推广装配化装修。同时强调指出，装配式建筑是建造方式的变革，是建设行业内部产业升级、技术进步、结构调整的必然趋势。在提高建筑功能和质量的过程中，装配化装修就是装配式建筑预期和消费者需求的"最后一公里"。

• 河北广大住品科技发展有限公司基于国家、省、市相关产业政策和 SI 体系，充分发挥 20 多年的传统装修施工管理实战经验，深度分析和力图解决传统装修存在的"痛点、难点"，加大对装配式装修干式工法、部品部件的研发力度，自主创新研发出了广大住品 15 大装配式装修干式工法集成体系，包括集成架空地板模块系统、集成墙板系统、集成吊顶系统、集成厨房系统、集成卫生间系统、集成快装给水系统、集成快装分电系统、集成铝合金生态套装门系统、集成同层排水系统、集成隔墙系统、集成收纳系统、集成新风系统、集成智能家居系统、干法快装地面瓷砖系统、干法快装墙面瓷砖系统，拥有 40 余项发明和实用新型专利，相关专利已转化为产品并得以在实体项目中应用与推广。

• 本书通过 3D 高清效果图、节点剖视图、CAD 剖面图和文字解析对装配式装修主要的集成体系干式工法做了展示和解析，旨在积极推广并与行业同仁共同探索、交流、学习，将我国装配式装修推向新的高度。

王宏刚

2019 年夏

目　录

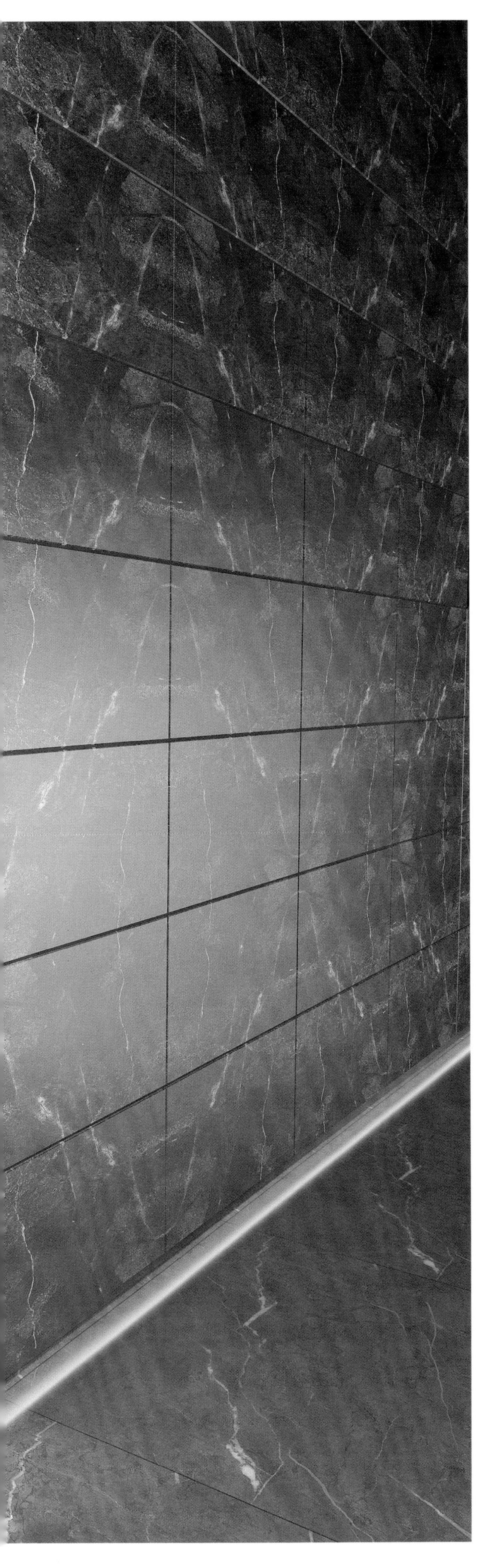

第 1 章 | 集成楼地面干法施工系统

本系统为装配式装修干法施工楼地面解决方案，主要分为铝锰合金架空楼地面模块系统、超薄架空楼地面模块系统、整铺架空楼地面系统。本系统采用了铝锰合金基材，采取专属设备冷压一次成型模块，加装集成纤维水泥压力板，重量轻、无焊点、耐腐蚀，保温、抗辐射性能好。采用专属空心螺杆 +PP 支脚支架，将模块连接成一体，形成一体地面，结构稳定牢固。整套系统便于运维，拆装可逆。已通过国家相关检测，隔声指标优于传统混凝土结构楼地面。

（地板架空系统专利号：2018207062040）

CHANEL THE VOCABULARY OF STYLE
GARRY WINOGRAND
MUNCH
WALTER FINANCE
WALTER FINANCE
MUNCH

MUNCH
QUENCHED LIKE A WICK
WALTER FINANCE
WALTER FINANCE
MUNCH
CHANEL THE VOCABULARY OF STYLE

1.1 集成架空整铺楼地面

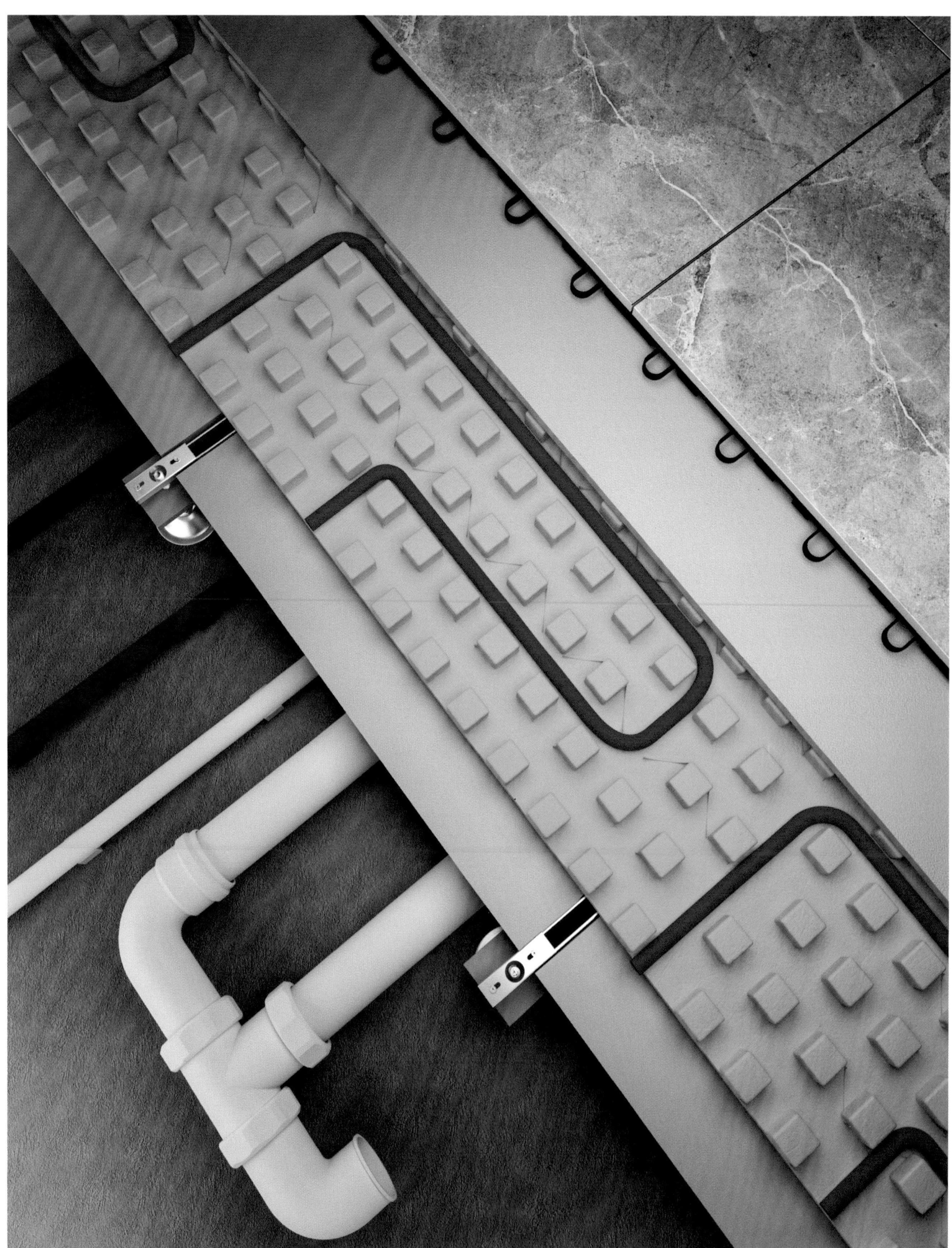

剖视图

解析 本例展示的是集成架空楼地面系统之一的整铺架空楼地面系统的施工工艺。系统采用 1.0mm 厚的铝锰合金板材，经专属冷压成型设备一次辊压成型为 1.0mm × 20mm × 400mm × 2400mm 的系统底盘，填充 20mm 厚加强水泥纤维板作为基层，组成基础模块，用专属金属连接件将模块组成整体地面；空心可调节支架调平后整铺定制的万能保温反射膜苯板，将 DN16~DN20PPR 地暖管铺设之中，加盖 1.2mm 厚水泥纤维板做平衡板，用磷化自攻螺钉将平衡板固定在铝镁合金底盘上，再铺装锁扣式干法快装地面瓷砖，即完成楼地面作业。

结构拆解图

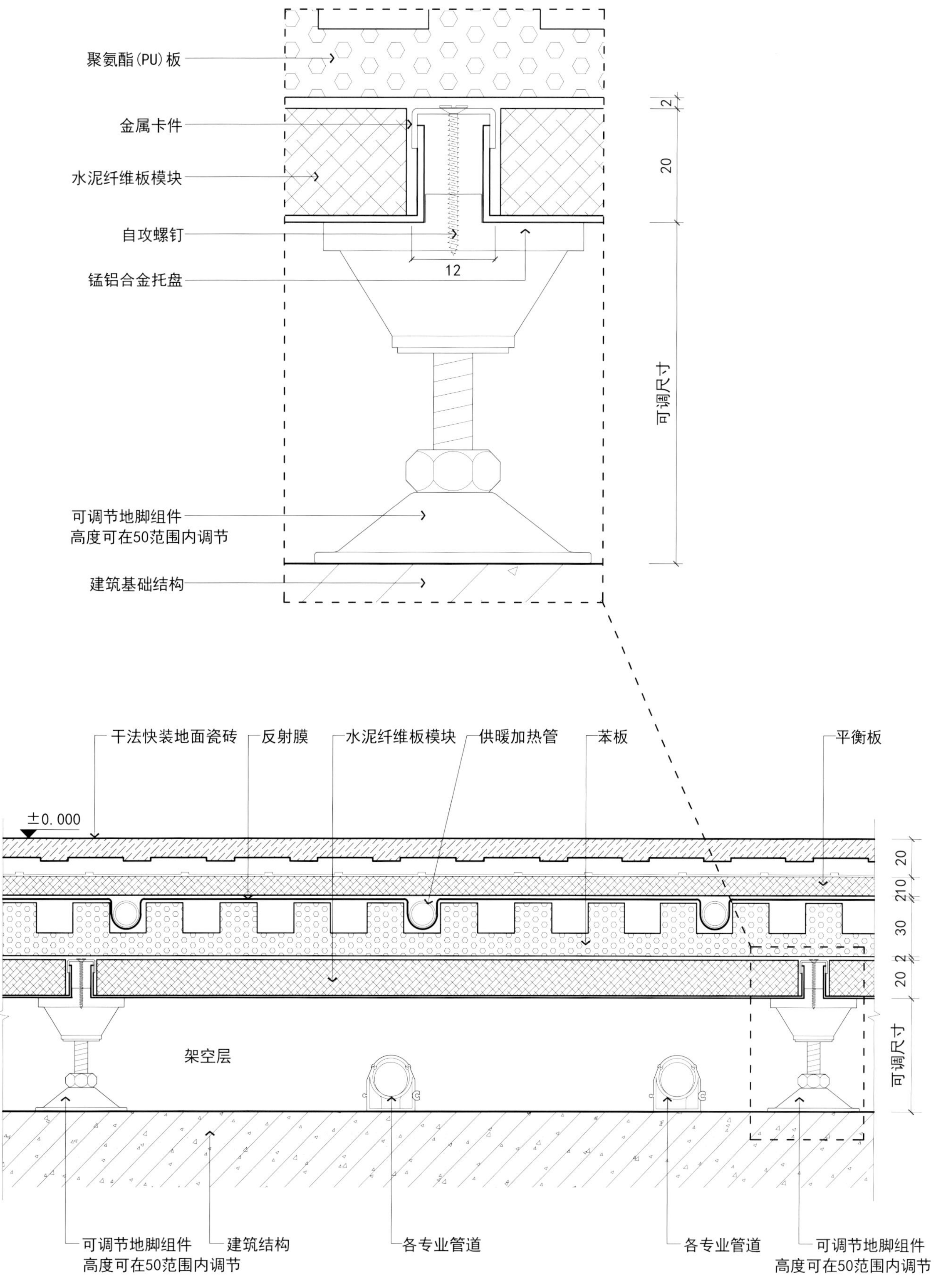
聚氨酯(PU)板
金属卡件
水泥纤维板模块
自攻螺钉
锰铝合金托盘
可调节地脚组件
高度可在50范围内调节
建筑基础结构
2
20
12
可调尺寸
干法快装地面瓷砖
反射膜
水泥纤维板模块
供暖加热管
苯板
平衡板
±0.000
20
210
30
2
20
可调尺寸
架空层
可调节地脚组件
高度可在50范围内调节
建筑结构
各专业管道
各专业管道
可调节地脚组件
高度可在50范围内调节

集成架空整铺楼地面剖面图

1:3

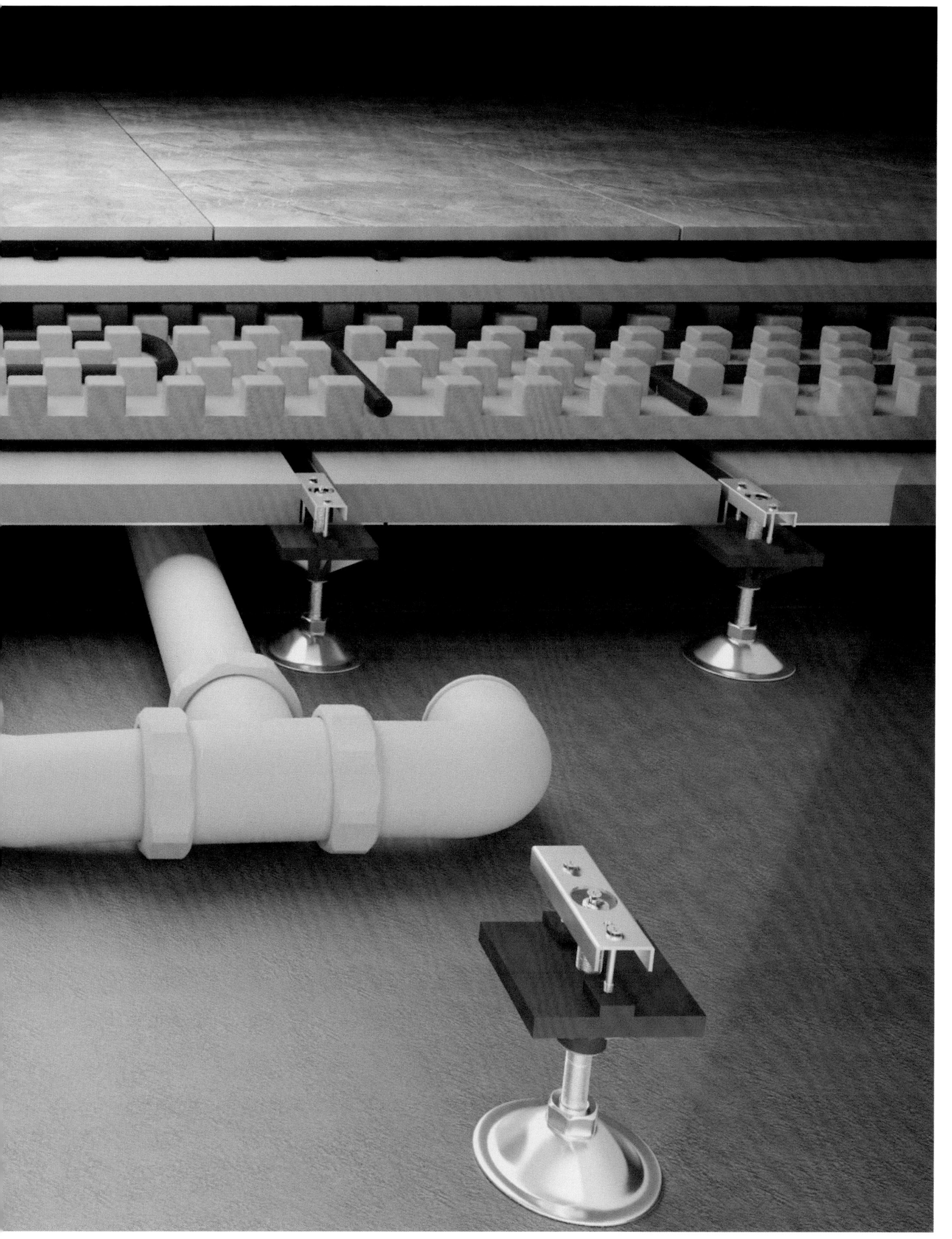

卡件特写（一）

结构特写

卡件特写（二）

锁扣式干法块装瓷砖展示图　（发明专利号：201711394880.5，实用新型专利号：201721807672.9）

空心可调节地脚支架展示图 （专利号：201921571677.5）

1.2 集成架空模块楼地面

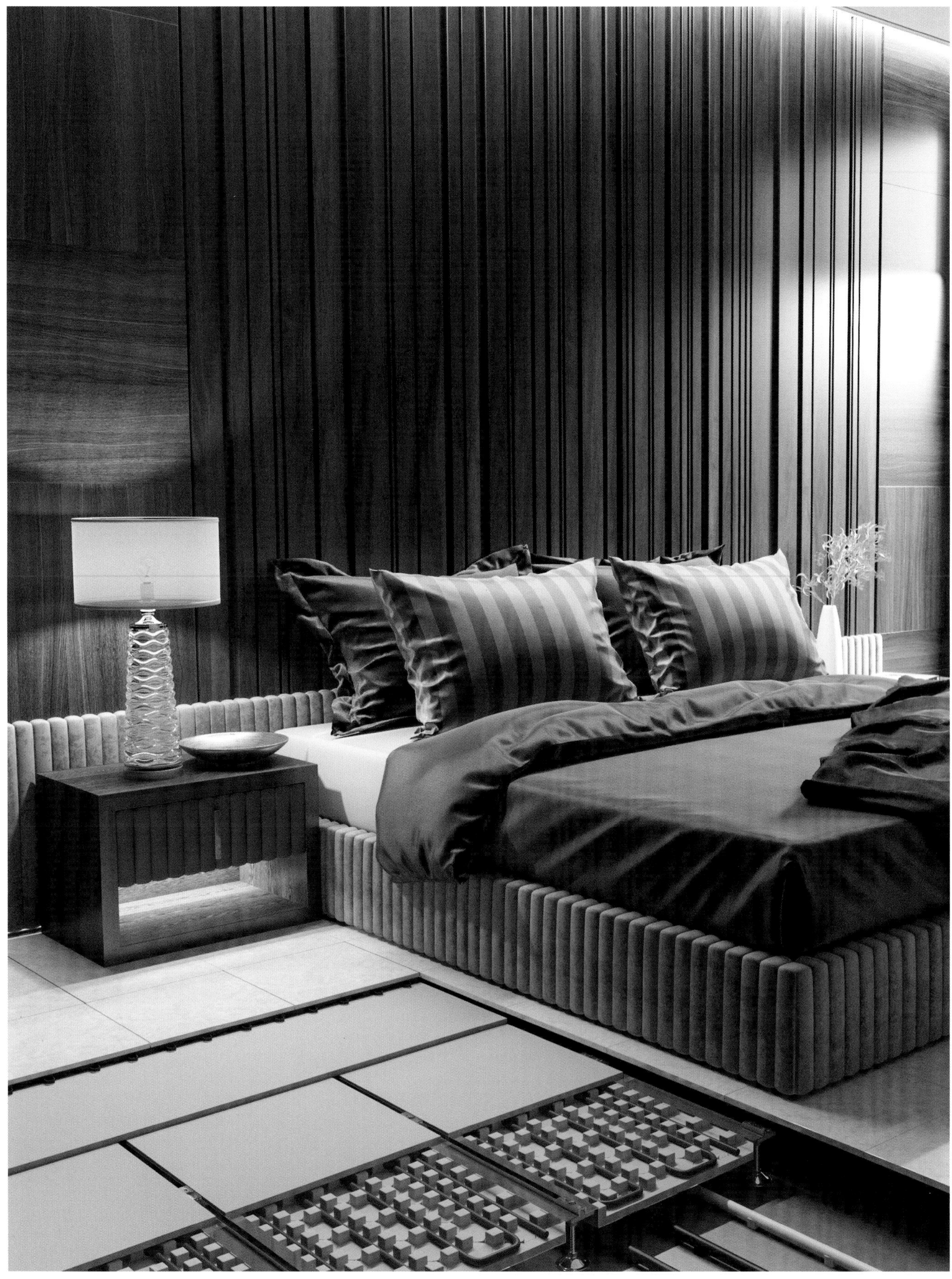

解析 本例为实体房间应用集成架空模块楼地面施工工艺展示。实际应用中，面层材料除锁扣式干法快装地面瓷砖外，也可以采用实木复合地面、SPC 地板、PVC 通心卷材等材料。采用架空模块楼地面系统施工速度快，整体稳定性强，取暖效果良好。本系统已通过中国建材检验认证集团股份有限公司、清华大学建筑环境检测中心的检测，隔声性能比传统混凝土楼地面优化 30%左右。

CRUMBLED OAK LEAF

实景剖视图

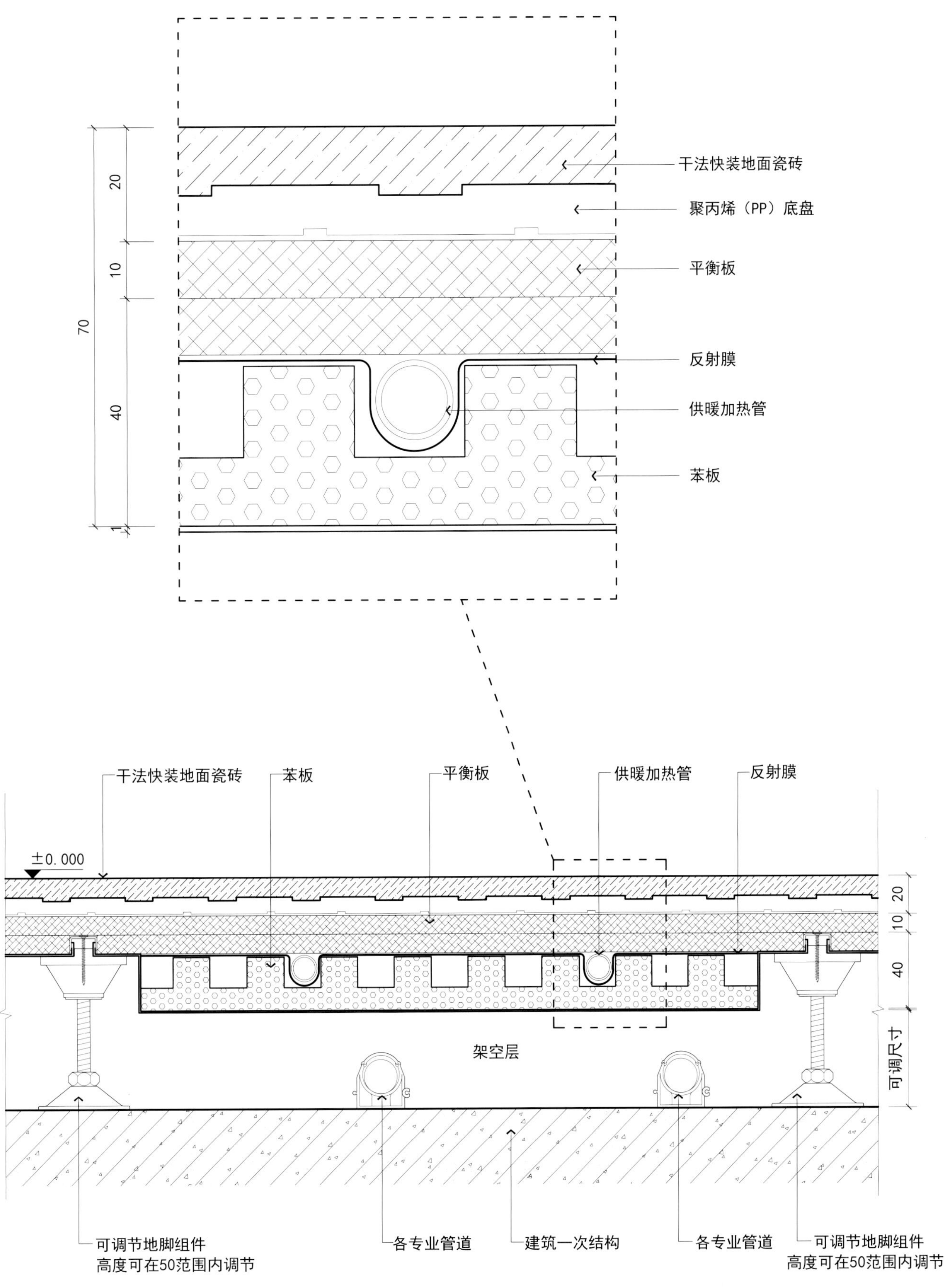
干法快装地面瓷砖
聚丙烯（PP）底盘
平衡板
反射膜
供暖加热管
苯板
20
10
40
70
1
干法快装地面瓷砖
苯板
平衡板
供暖加热管
反射膜
±0.000
20
10
40
可调尺寸
架空层
可调节地脚组件
高度可在50范围内调节
各专业管道
建筑一次结构
各专业管道
可调节地脚组件
高度可在50范围内调节

集成架空模块楼地面剖面图

1:3

结构剖视图

结构拆解图

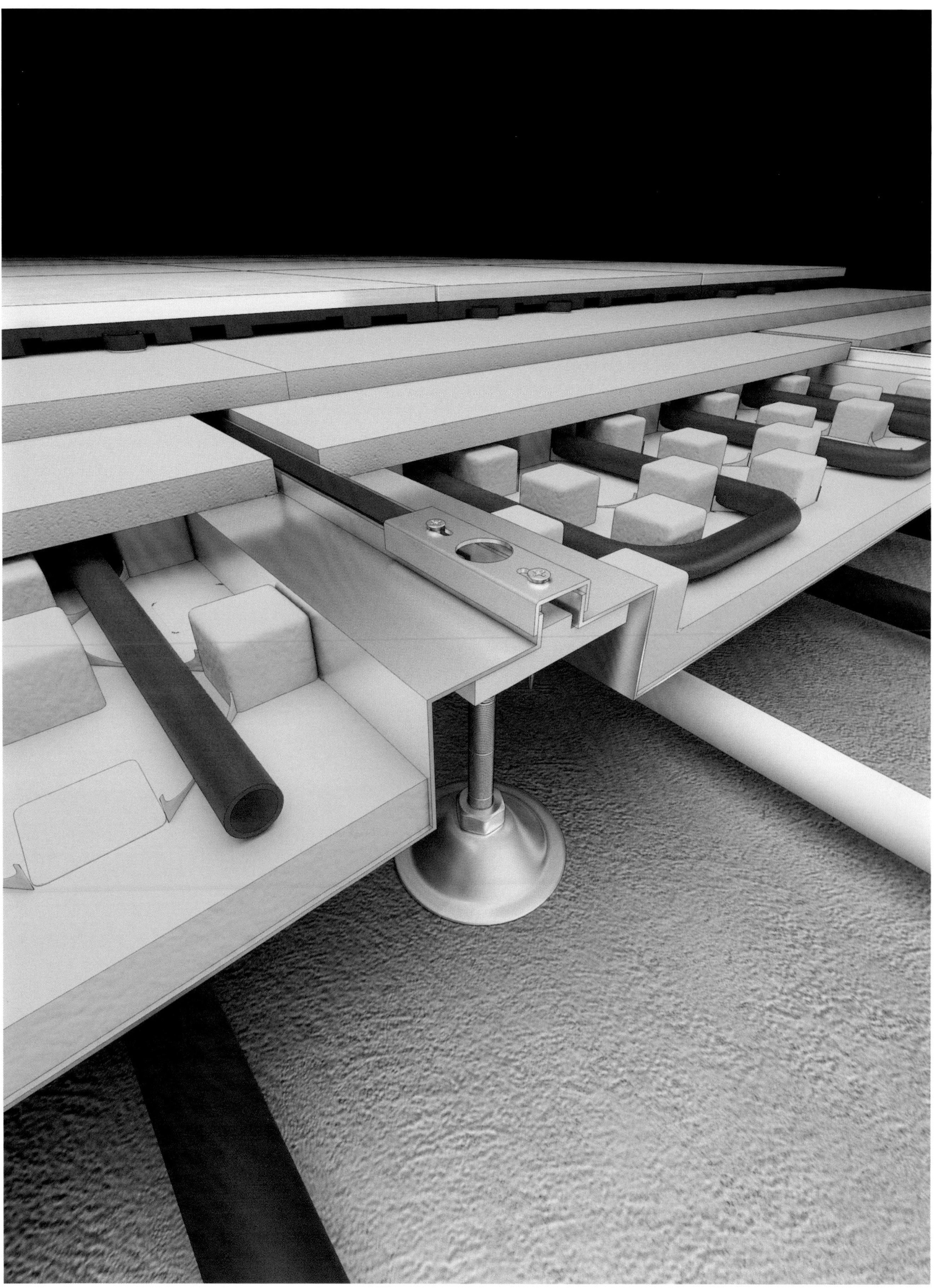

结构特写图

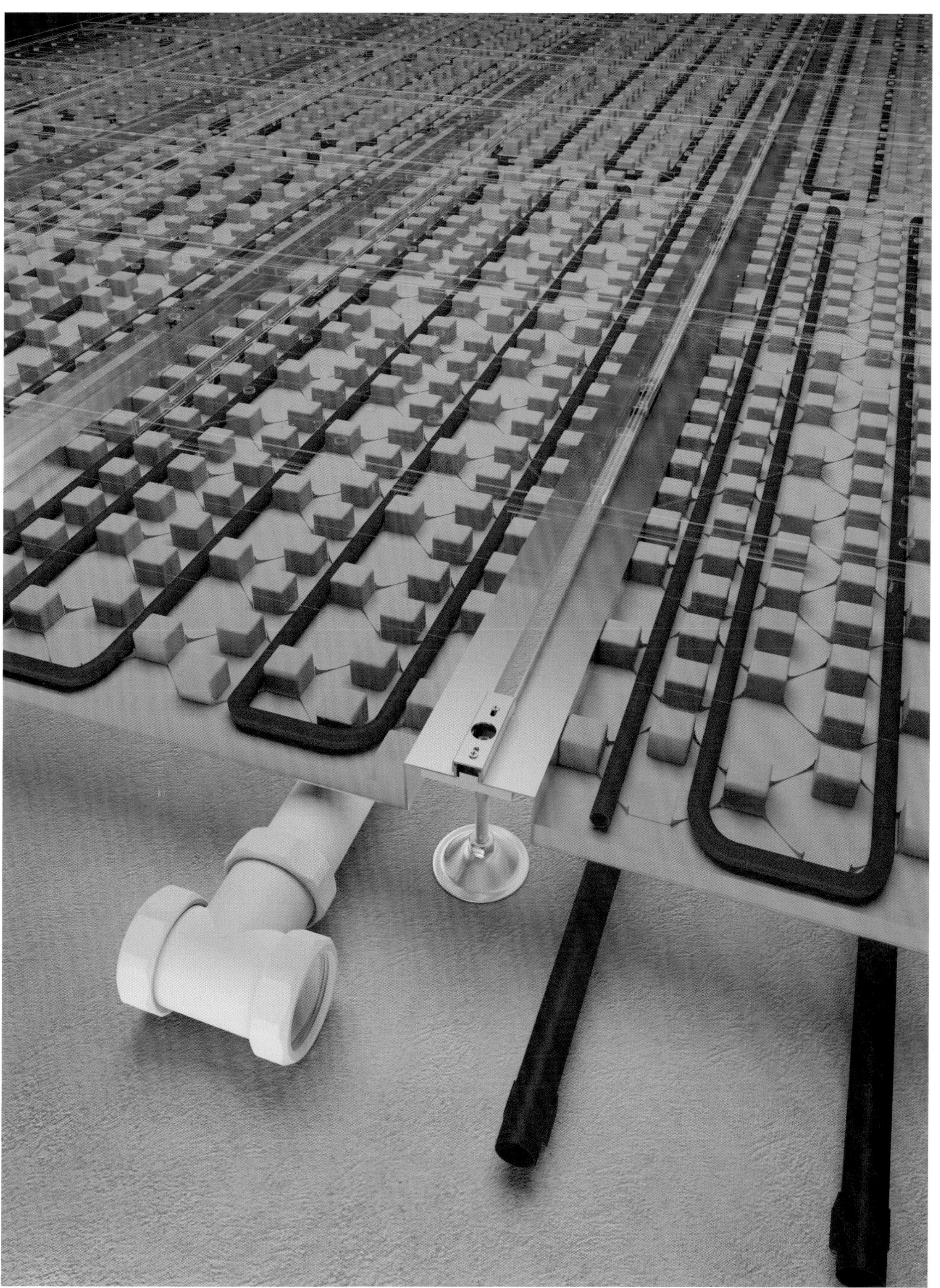

地暖排管示意图

1.3 集成卫生间楼地面

解析 本例主要表现集成卫生间的地面、墙面干式施工工艺，《装配式建筑评价标准》（GB/T 51129 － 2017）中，要求集成卫生间、集成厨房的墙、顶、地面采用干式工法。为了降低架空层的高度，节约空间，本例采取的是架空超薄模块系统。墙地面是将20mm厚的铝镁合金架空地板模块作基层，加铺ABS或HDPE防水底盘，铺装干法快装地面瓷砖和干法快装墙面瓷砖。墙面内侧铺装PE防潮膜阻断湿汽渗透。铝镁合金收口线将墙面瓷砖与地面瓷砖做收口连接处理。

结构拆解图

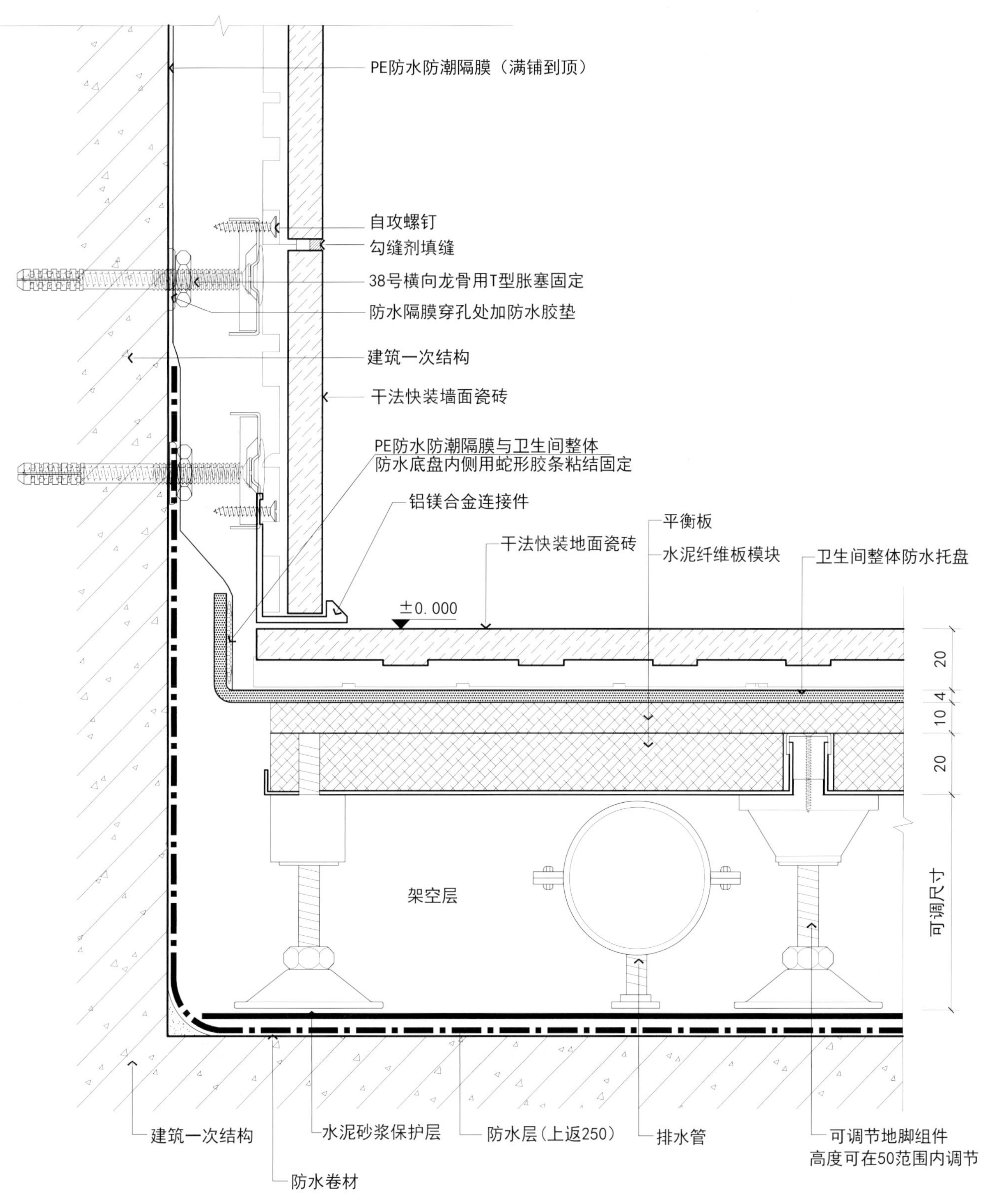
PE防水防潮隔膜（满铺到顶）
自攻螺钉
勾缝剂填缝
38号横向龙骨用T型胀塞固定
防水隔膜穿孔处加防水胶垫
建筑一次结构
干法快装墙面瓷砖
PE防水防潮隔膜与卫生间整体
防水底盘内侧用蛇形胶条粘结固定
铝镁合金连接件
平衡板
干法快装地面瓷砖
水泥纤维板模块
卫生间整体防水托盘
±0.000
20
4
10
20
可调尺寸
架空层
建筑一次结构
水泥砂浆保护层
防水层(上返250)
排水管
可调节地脚组件
高度可在50范围内调节
防水卷材

集成卫生间楼地面剖面图

1:2

三维剖视图（一）

三维剖视图（二）

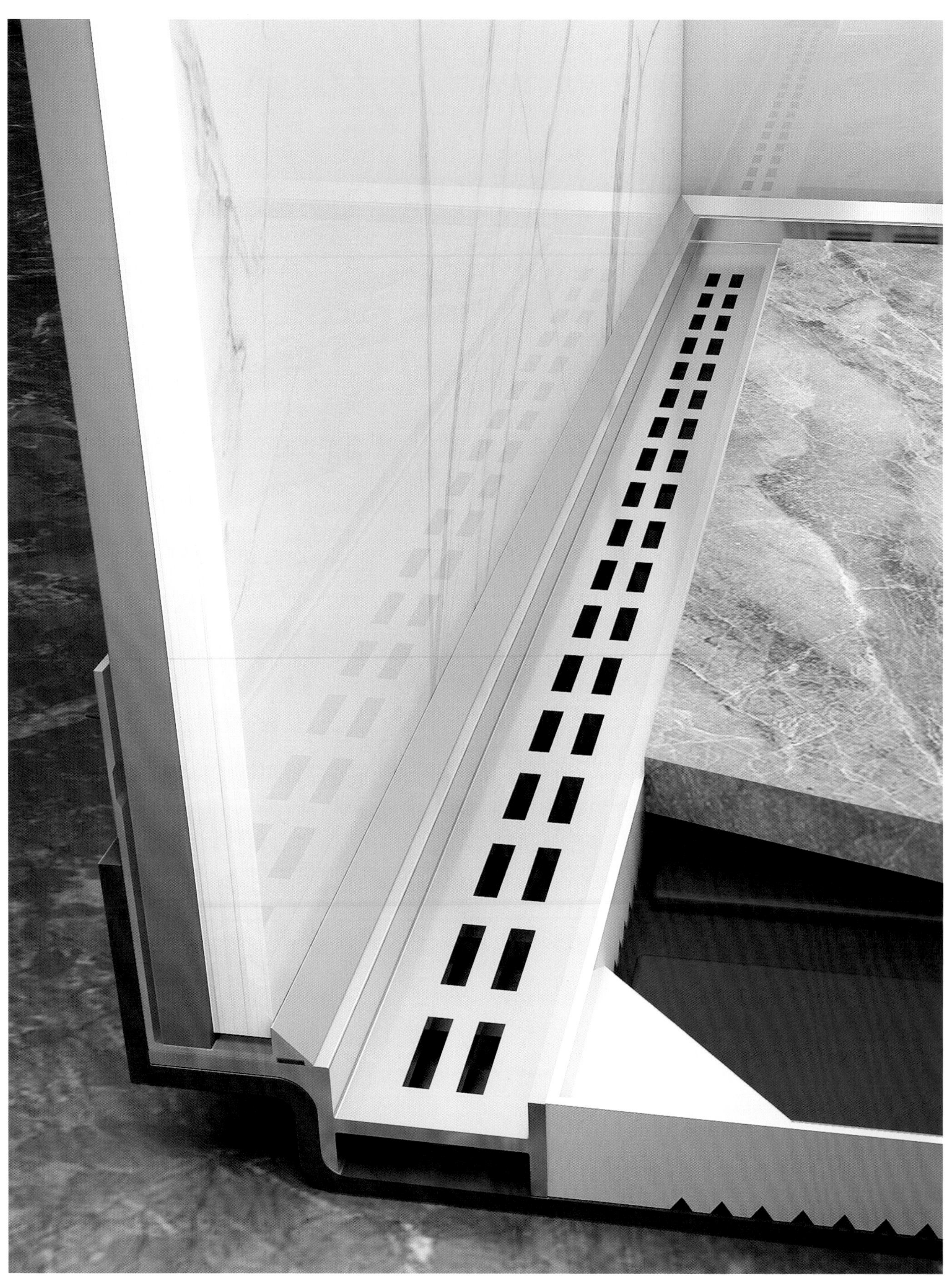

集成卫生间整体防水底盘和排水系统
（发明专利号：2019103103985， 实用新型技术专利号：201921571677.5）

PE 防水防潮隔膜示意图

pierre cardin

第 2 章 ｜ 集成墙面干法施工系统

本系统为装配式装修干式工法墙面解决方案。集成墙板分为 10mm、18mm 两种规格，其中 10mm 集成墙板采用 A 级防火加强硫镁板为基材，包覆 PVC、PP、PE、PET 装饰膜加工集成而成，有插接式、吸附式、背挂式三种装配模式。该系统安装便捷、品种多，适合于多种墙面装饰，便于更换，已通过国家检测中心检测，相关指标达到或优于国家标准。

2.1 集成快装瓷砖墙面

场景剖视图

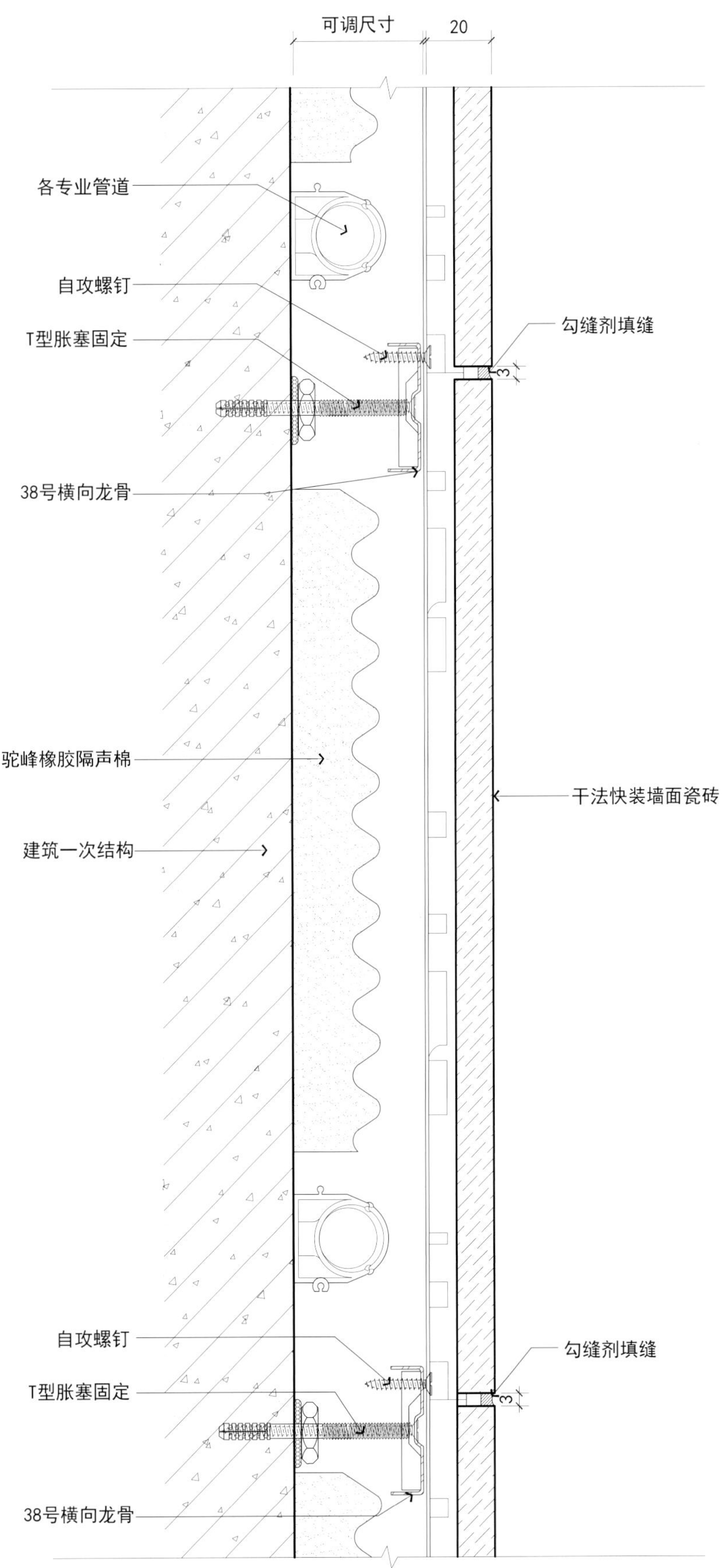
可调尺寸
20
各专业管道
自攻螺钉
T型胀塞固定
38号横向龙骨
勾缝剂填缝
3
驼峰橡胶隔声棉
干法快装墙面瓷砖
建筑一次结构
自攻螺钉
T型胀塞固定
38号横向龙骨
勾缝剂填缝
3

快装瓷砖墙面剖面图

1:2

场景剖视图

解析 本例表现了干法快装瓷砖墙面的施工工艺。M 型调平龙骨可通过调节调平胀塞进行墙面找平。将由工厂集成的干法快装墙面瓷砖，用不锈钢自攻螺钉紧固在 M 型调平龙骨上，瓷砖面缝隙根据实际需要用相应的 PVC 卡件固定安装完成后，填充柔性防水美缝剂完成作业。

电源开关示意图

水管示意图

卡件细节图

轻钢龙骨墙体固定墙砖

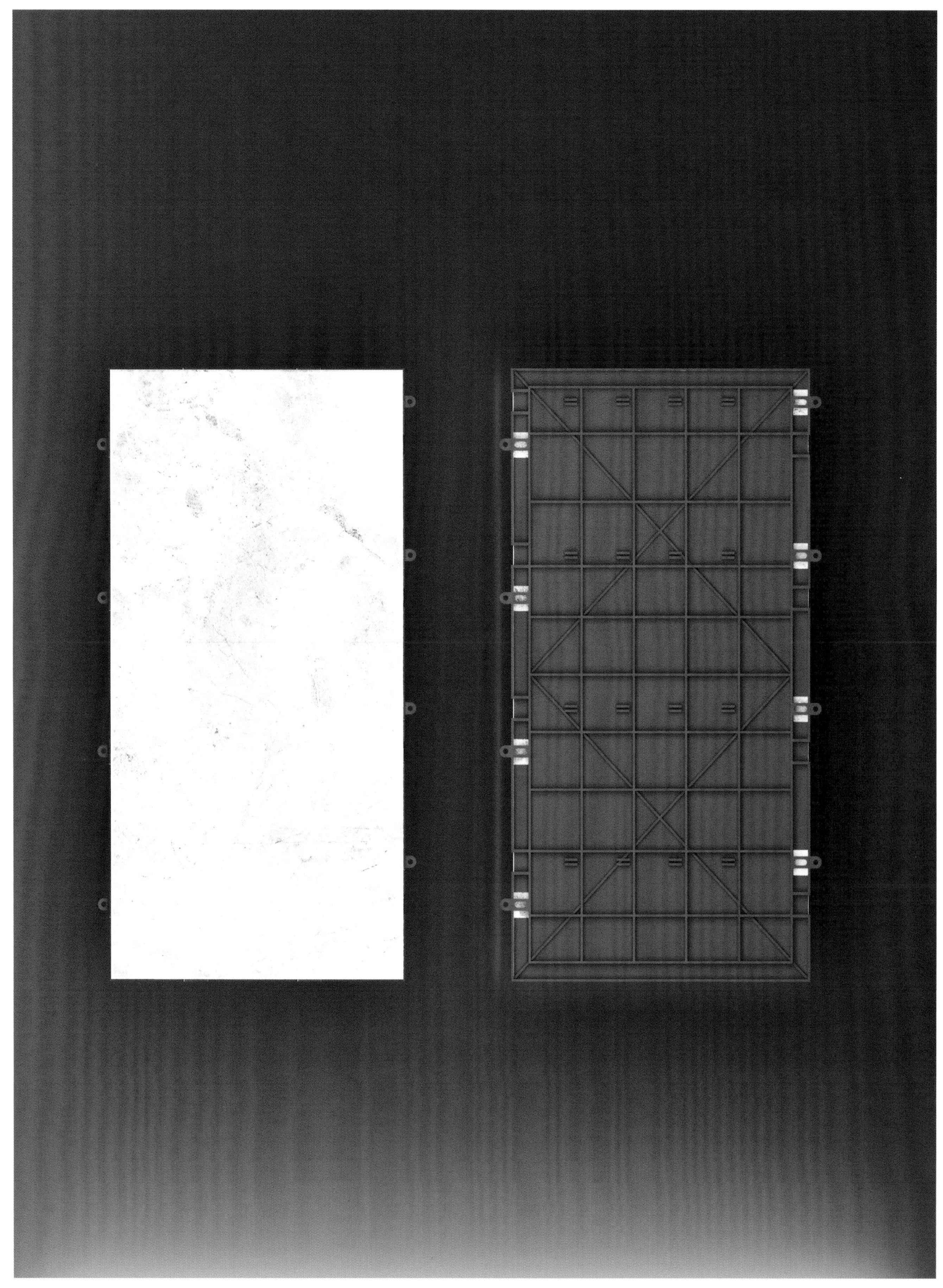

干法快装墙面瓷砖展示图　（发明专利号：2018104505107，实用新型专利号：2018207058384）

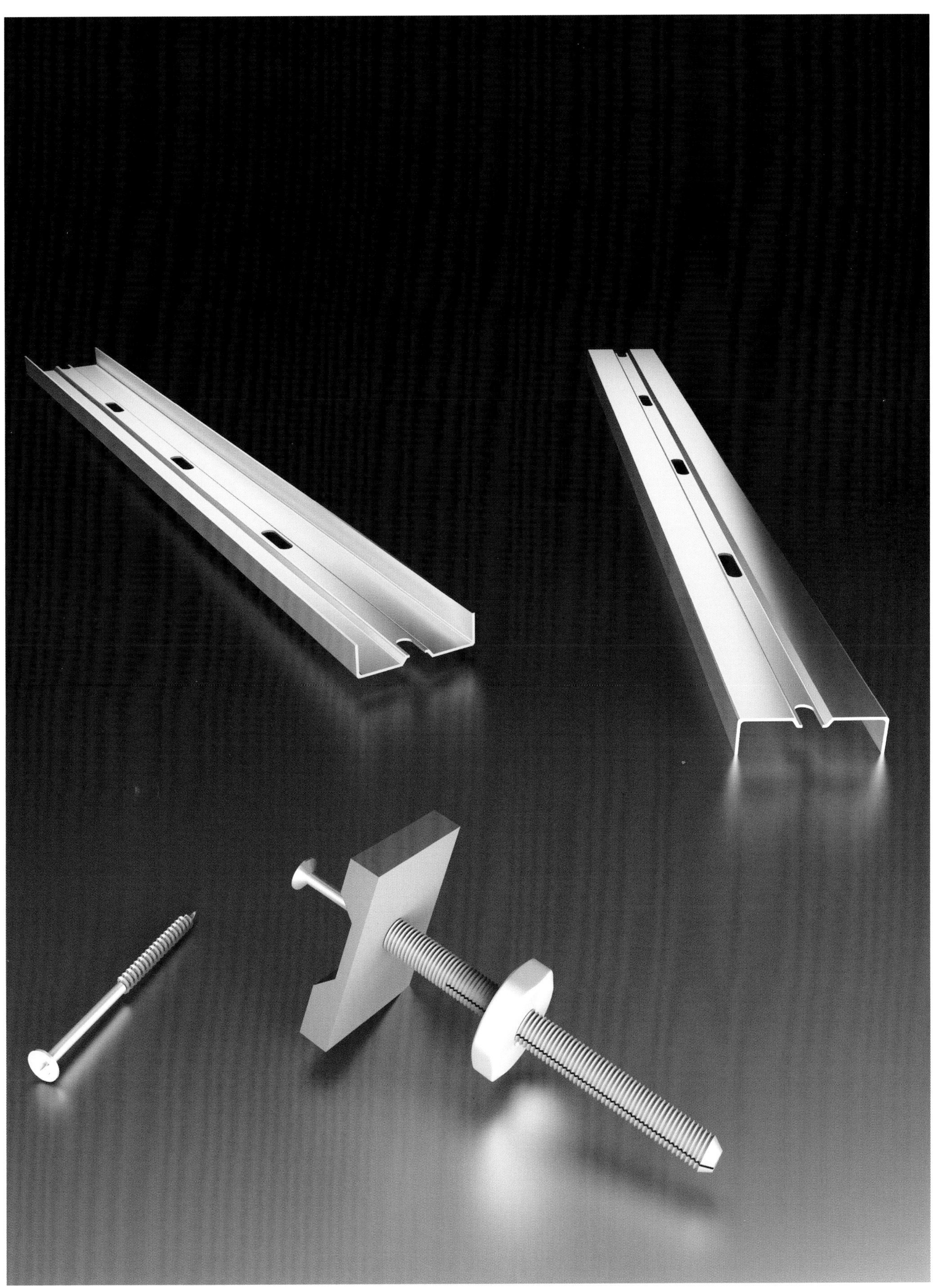

镀铝锌 M 型找平龙骨、PP 调平螺栓展示图

2.2 集成快装美岩板墙面

解析 本例展示了集成快装美岩板墙面施工工艺。现场施工时，首先将38号M型找平龙骨与墙体固定找平，用专属定制钢制固定件固定。集成墙板两侧开有企口槽，用插接件通过企口凹槽将墙板固定在M型找平龙骨上，再按顺序利用企口、插接件逐一将墙板插接，形成一体墙面。该工法适用于厚度10mm以上的多种集成墙板。

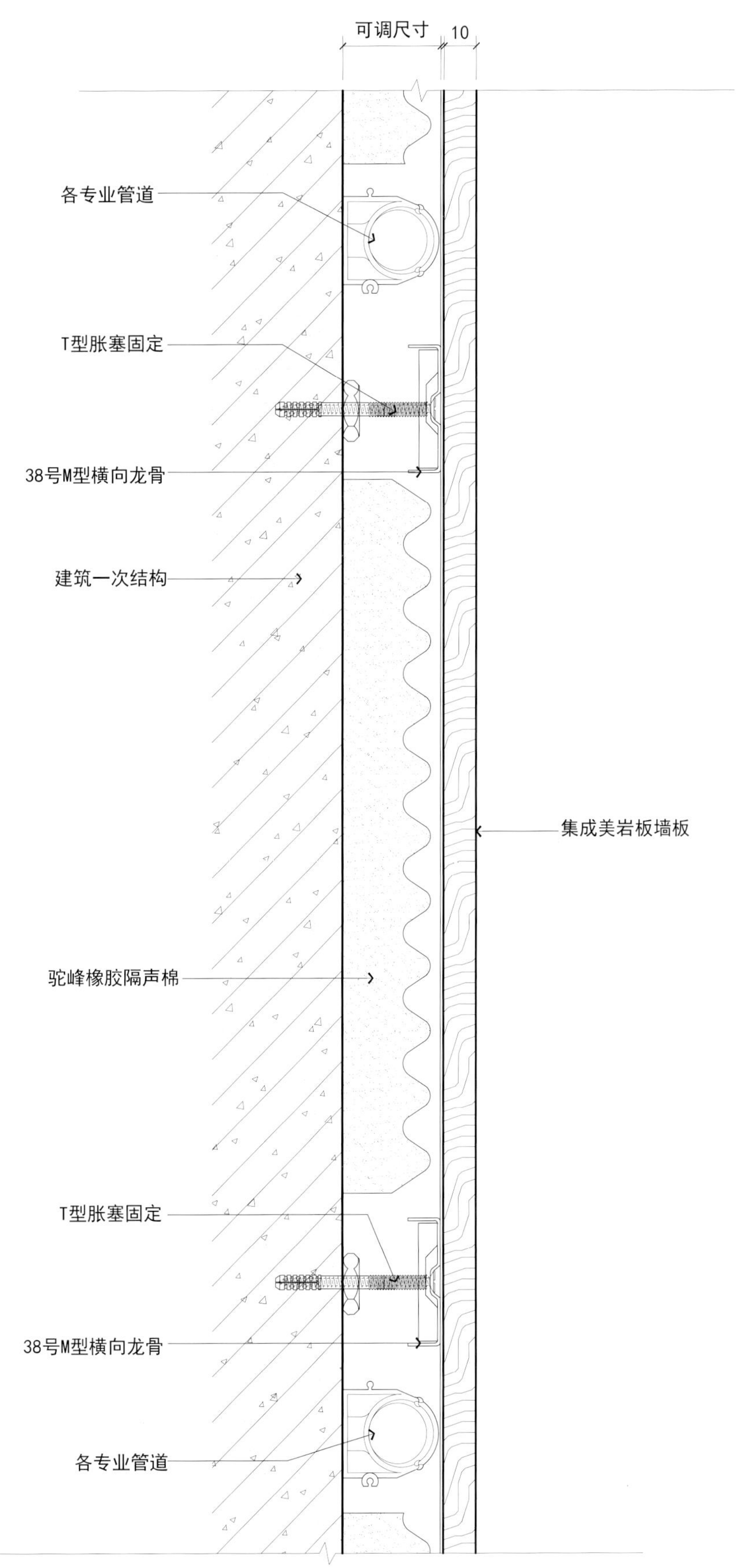
可调尺寸
10
各专业管道
T型胀塞固定
38号M型横向龙骨
建筑一次结构
集成美岩板墙板
驼峰橡胶隔声棉
T型胀塞固定
38号M型横向龙骨
各专业管道

快装美岩板墙面剖面图

1:2

安装结构件示意图

驼峰橡胶隔声棉产品展示图

2.3 集成快装墙布墙面

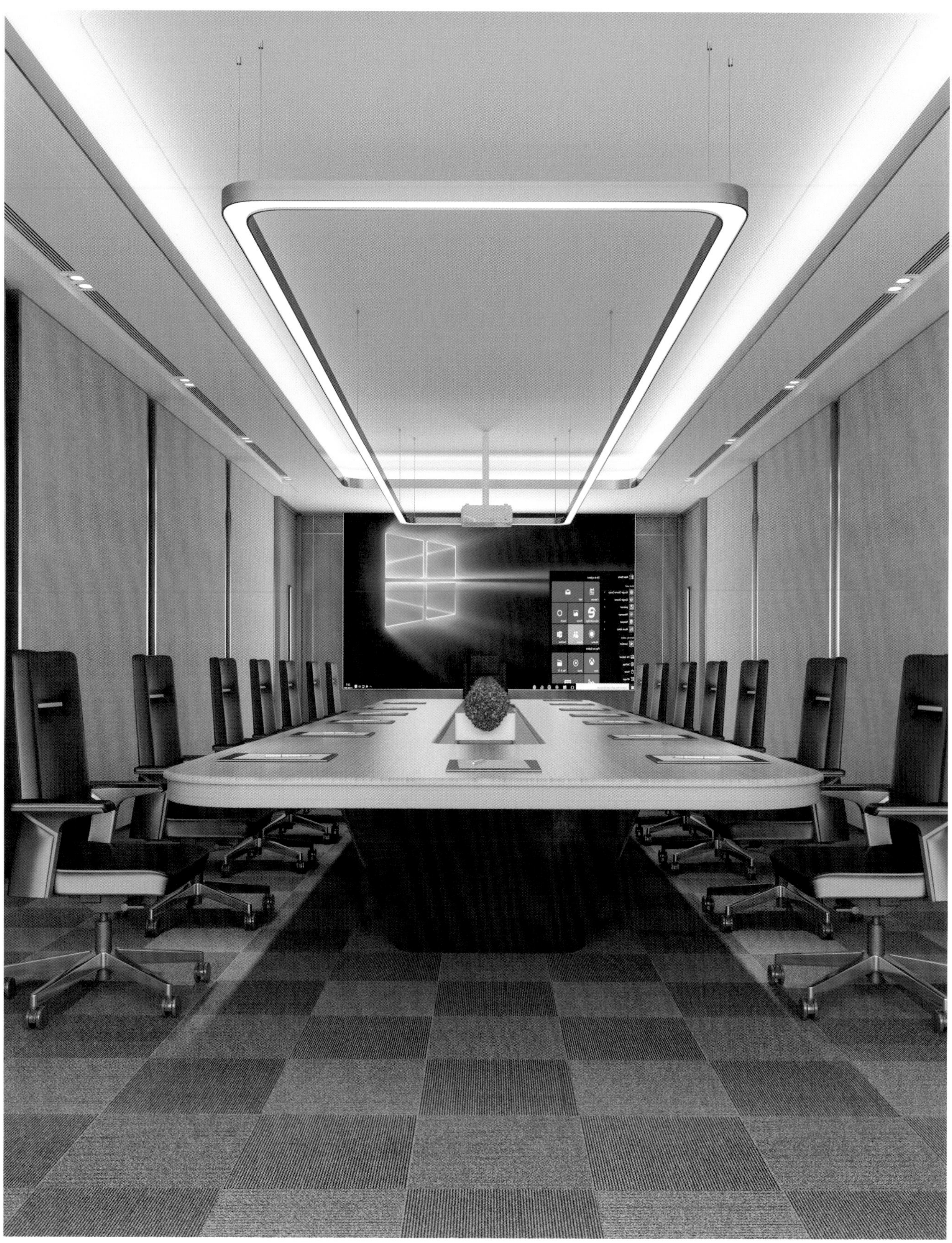

实景剖视图

解析 本例展示了集成快装免胶墙布墙面的安装工艺，展示出施工的界面和完成面。首先将 38 号 M 型龙骨固定于结构墙体，再将基层美岩板固定，表面饰免胶墙布，墙板与结构墙体间的空隙铺装 15mm 厚驼峰橡胶隔声棉，以加强墙体的隔声效果和墙板的稳定性。38 号 M 型龙骨与墙体之间空腔内铺设管线，实现管线与结构主体的分离（传统装修是采用在结构主体上开槽的方式布设管线）。

三维剖视图

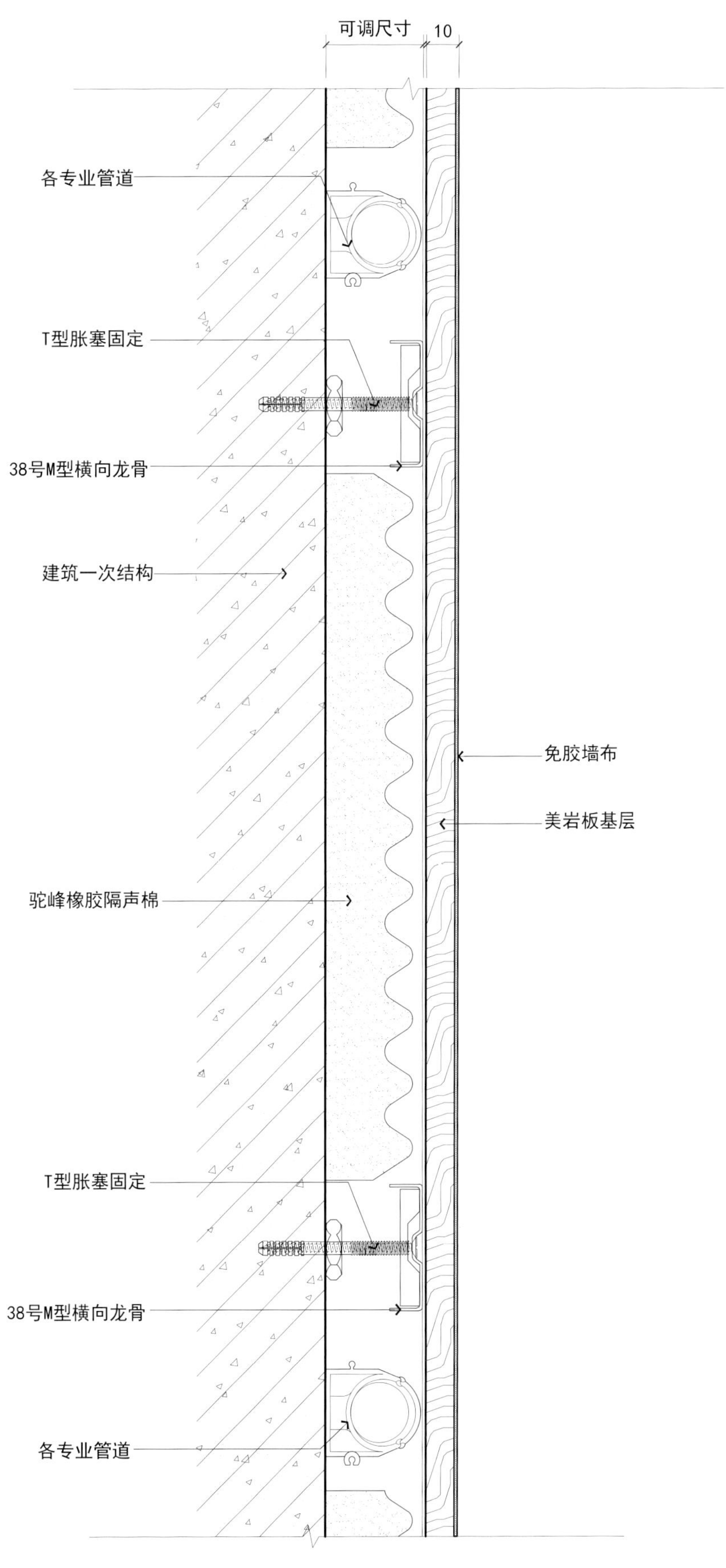
可调尺寸
10
各专业管道
T型胀塞固定
38号M型横向龙骨
建筑一次结构
免胶墙布
美岩板基层
驼峰橡胶隔声棉
T型胀塞固定
38号M型横向龙骨
各专业管道

快装墙布墙面剖面图

1:2

阻燃夹

墙面与棚面阴角收口

墙面与地面阴角收口

2.4　集成快装装饰板墙面

场景剖视图

解析 本例展示12~18mm厚集成装饰实木墙板背挂式安装方式和施工工艺。38号M型龙骨调平后安装专属金属背挂板配件，将集成装饰板背挂连接，形成整体墙面。该系统安装方便，运维便捷。

结构拆解图

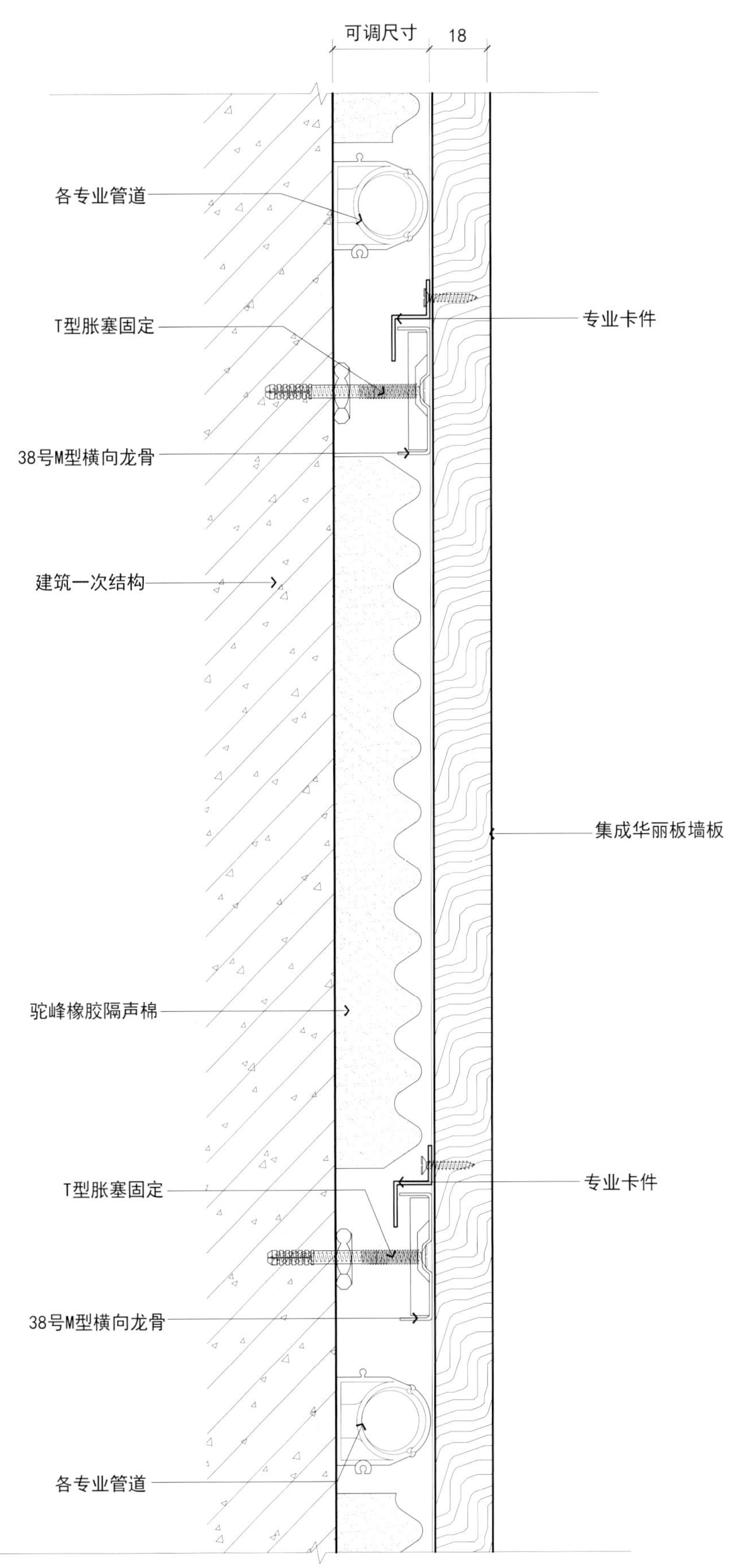
可调尺寸
18
各专业管道
T型胀塞固定
专业卡件
38号M型横向龙骨
建筑一次结构
集成华丽板墙板
驼峰橡胶隔声棉
T型胀塞固定
专业卡件
38号M型横向龙骨
各专业管道

快装装饰板墙面剖面图

1:2

第 3 章 | 集成隔墙干法施工系统

本系统为装配式建筑中内隔墙“非砌非筑”的最佳解决方案，主要采用 ALC 条板、轻钢龙骨隔墙，安装速度快，全程干法作业，具有结构牢固、荷载轻、可塑性强的特点。系统可以实现“管线与结构主体分离”，符合装配式建筑的“大空间、轻质内隔墙”的设计理念。

3.1　ALC 轻质集成隔墙

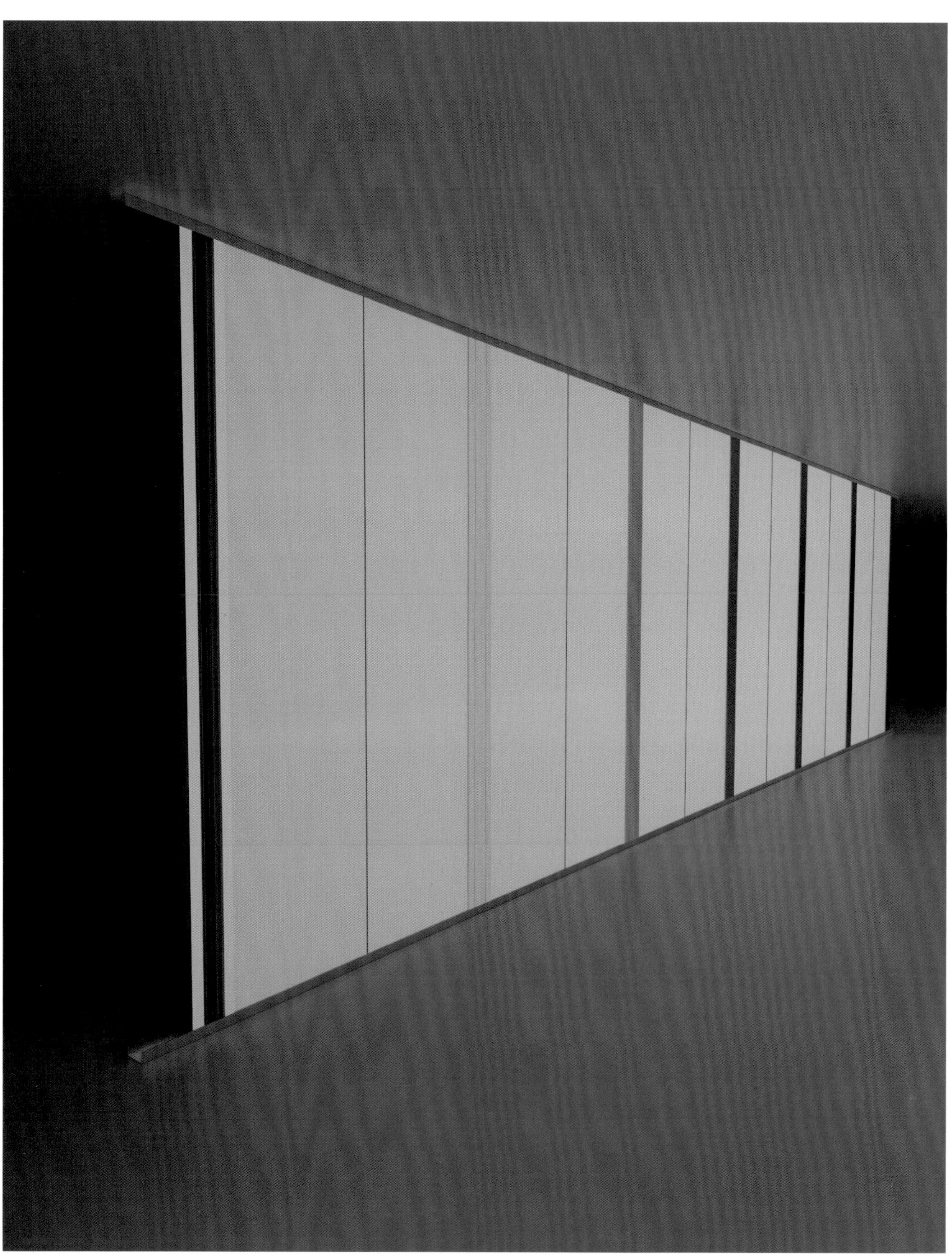

场景展示图

解析 本例采用专属定制铝合金隐式线槽连接件，其既是 ALC（蒸压轻质混凝土）条板的连接固定件，又是管线线槽桥架，既可避免 ALC 条板以往采用水泥砂浆粘结的湿作业，加强了连接的强度，又可以有效减少隔墙厚度 20~40mm，大大节约室内空间，并实现集成隔墙的全干式工法作业。

管线走向剖视图

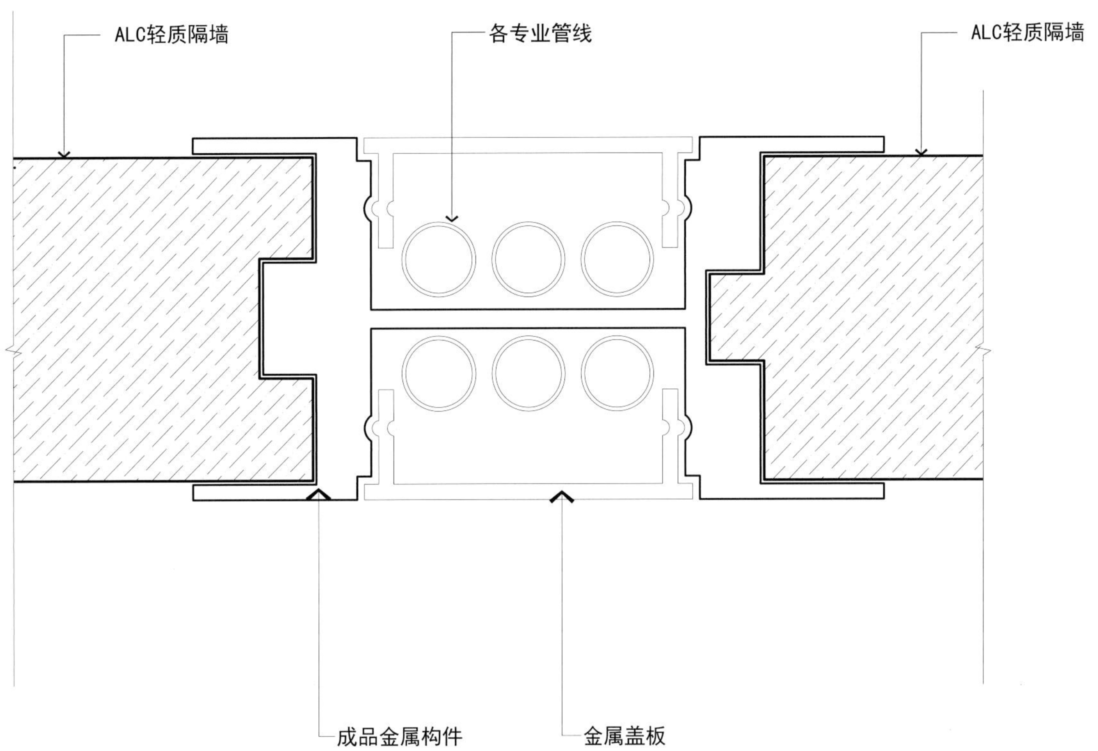
ALC轻质隔墙
各专业管线
ALC轻质隔墙
成品金属构件
金属盖板

ALC轻质集成隔墙横向剖面图

1:2

ALC 墙体木饰面结构示意

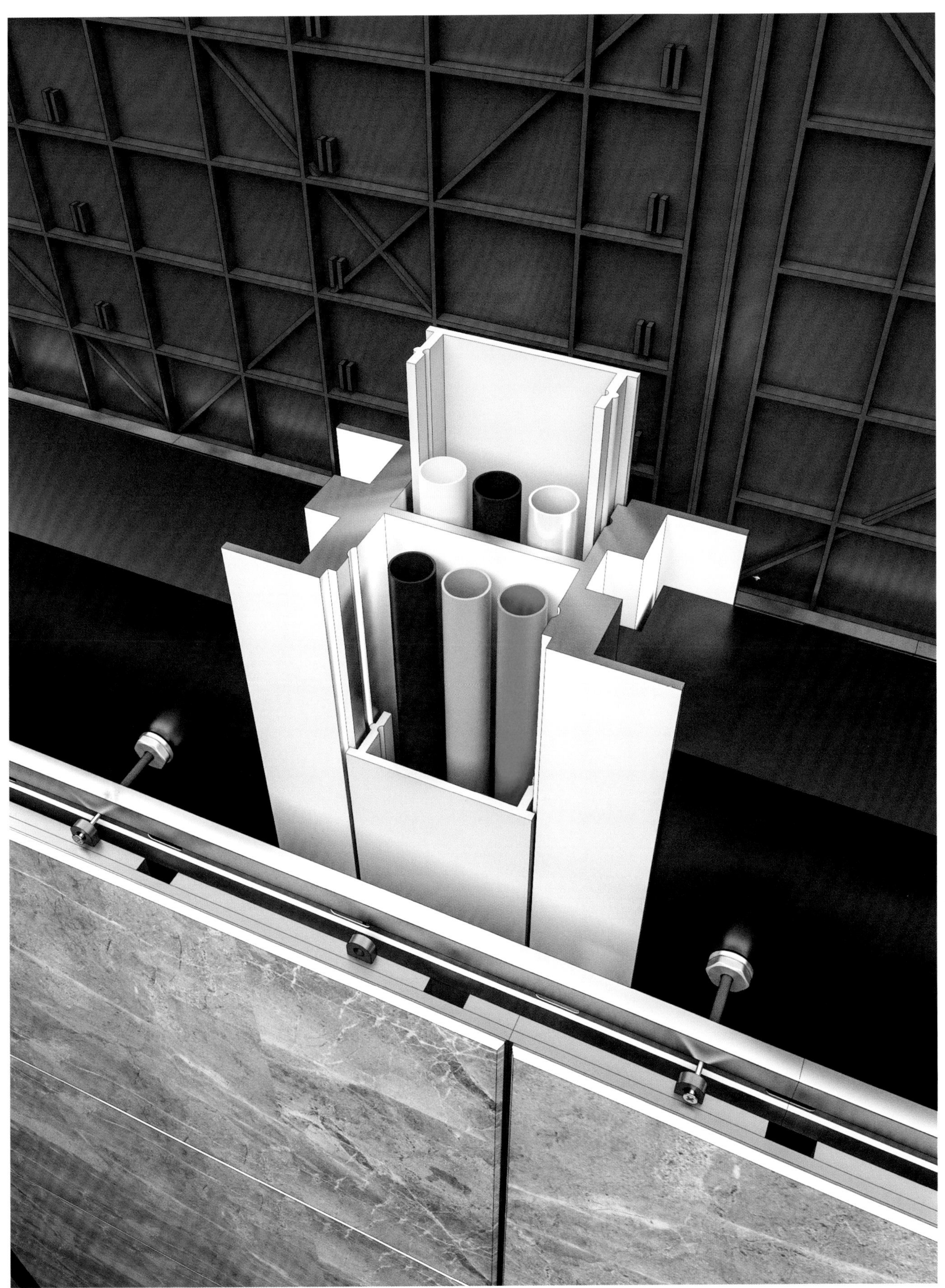

ALC 墙体墙砖饰面结构示意

ALC 墙体连接收口示意

白模结构展示图

3.2 轻钢龙骨集成隔墙

场景剖视图

解析 本例展示轻钢龙骨隔墙内部结构，以75号轻钢龙骨为例，安装天龙骨、地龙骨、竖龙骨，用穿心龙骨固定加强，用38号M型龙骨做调平，完成轻钢龙骨隔墙的骨架结构。

38 号 M 型横向龙骨与轻钢龙骨固定方法

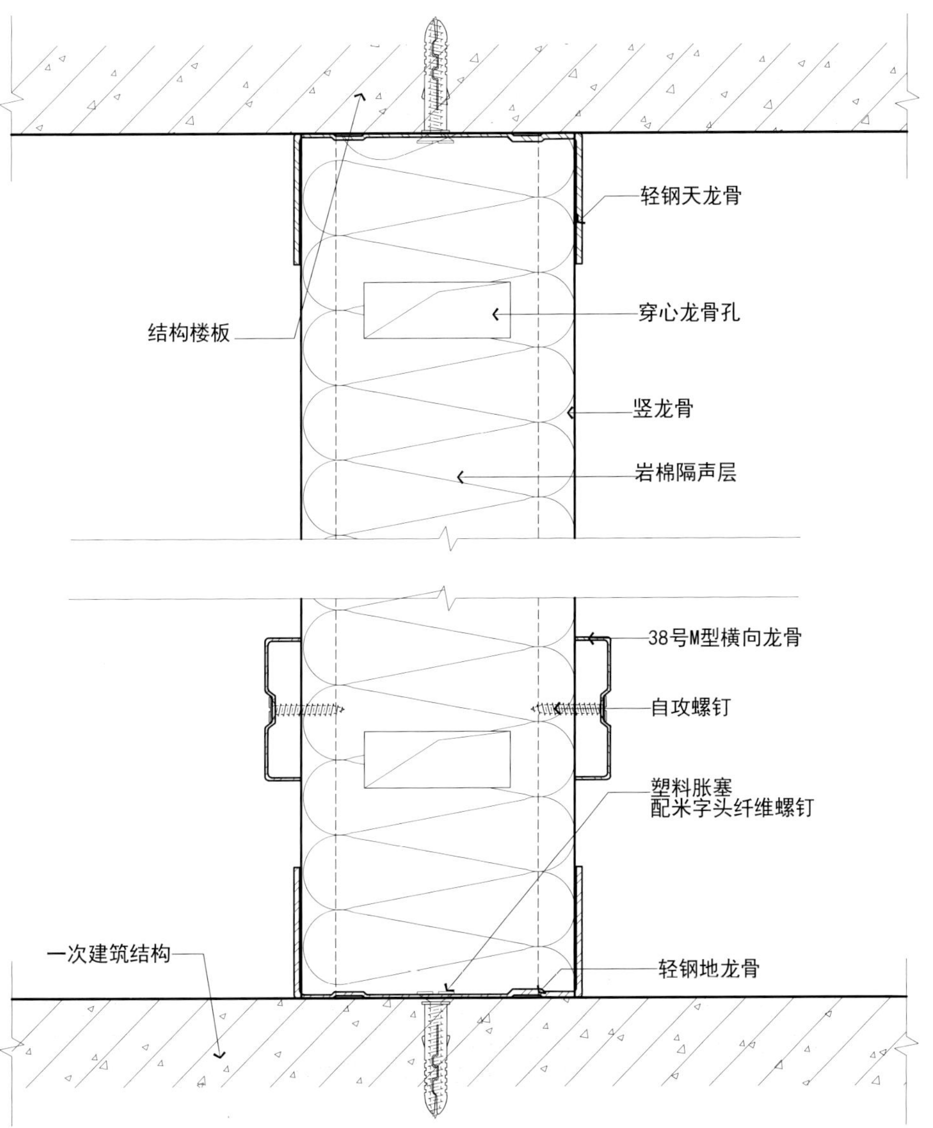
轻钢天龙骨
穿心龙骨孔
结构楼板
竖龙骨
岩棉隔声层
38号M型横向龙骨
自攻螺钉
塑料胀塞
配米字头纤维螺钉
一次建筑结构
轻钢地龙骨

轻钢龙骨集成隔墙纵向剖面图

1:2

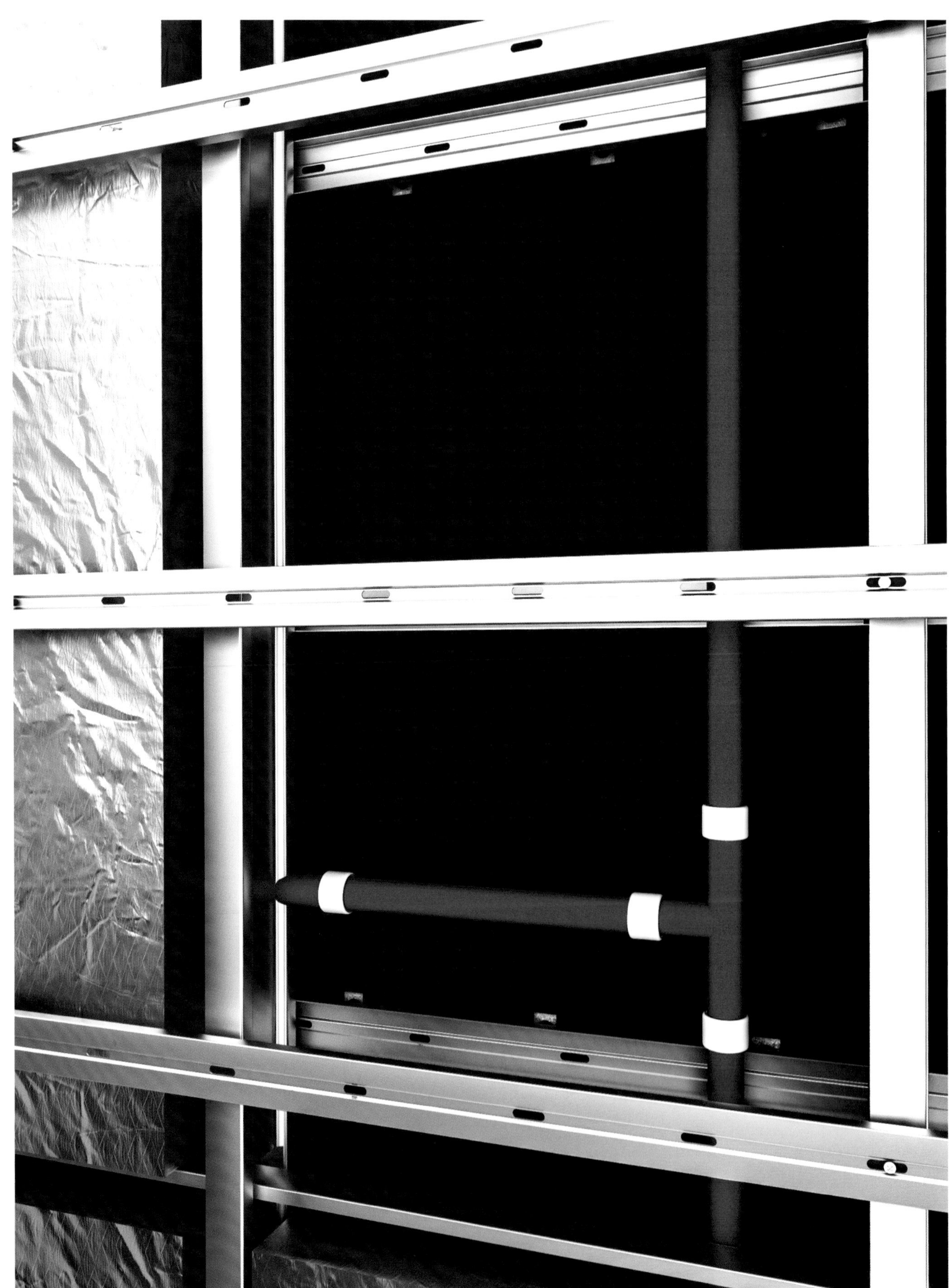

轻钢龙骨墙体管线安装图

轻钢龙骨墙体固定瓷砖

轻钢龙骨墙固定木作

轻钢龙骨结构图

第 4 章 ｜ 集成吊顶干法施工系统

本系统是装配式装修中集成吊顶的解决方案，主要分为软膜顶棚、免胶壁布顶棚、铝镁合金集成吊顶系统。该系统施工工艺简单，全程免除水泥砂浆、粘贴胶、腻子打砂等湿作业，实现了集成吊顶干法施工，安装快捷、便于运维、更新便利。

4.1　软膜顶棚集成吊顶

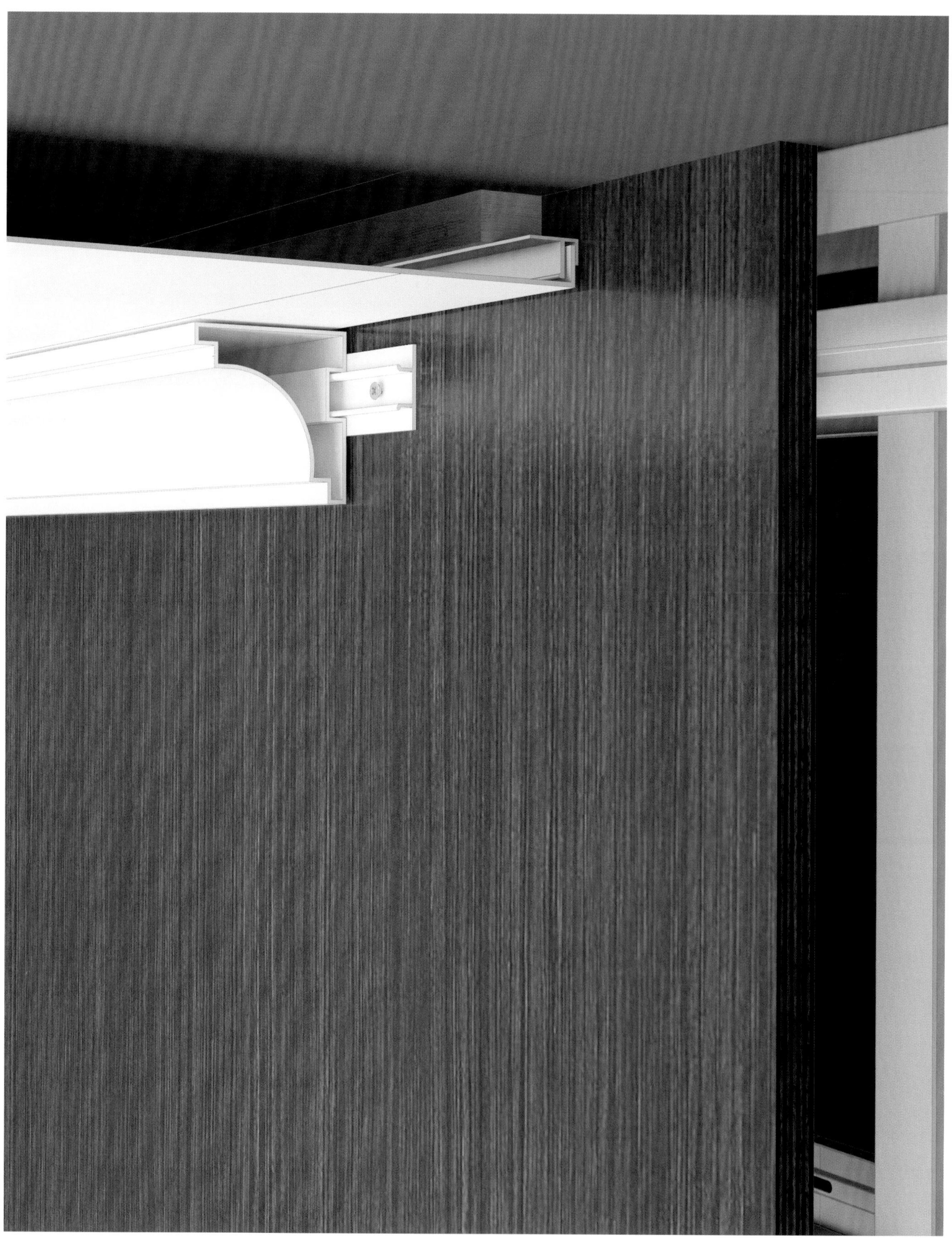

三维剖视图

解析 本例展示软膜顶棚安装与集成墙板收口的细节。集成墙板安装完成后，将软膜顶棚专属使用的边龙骨固定，确保集成墙板卡压紧固，再将工厂加工好的软膜顶棚边缘塞卡在边龙骨内。

结构拆解图

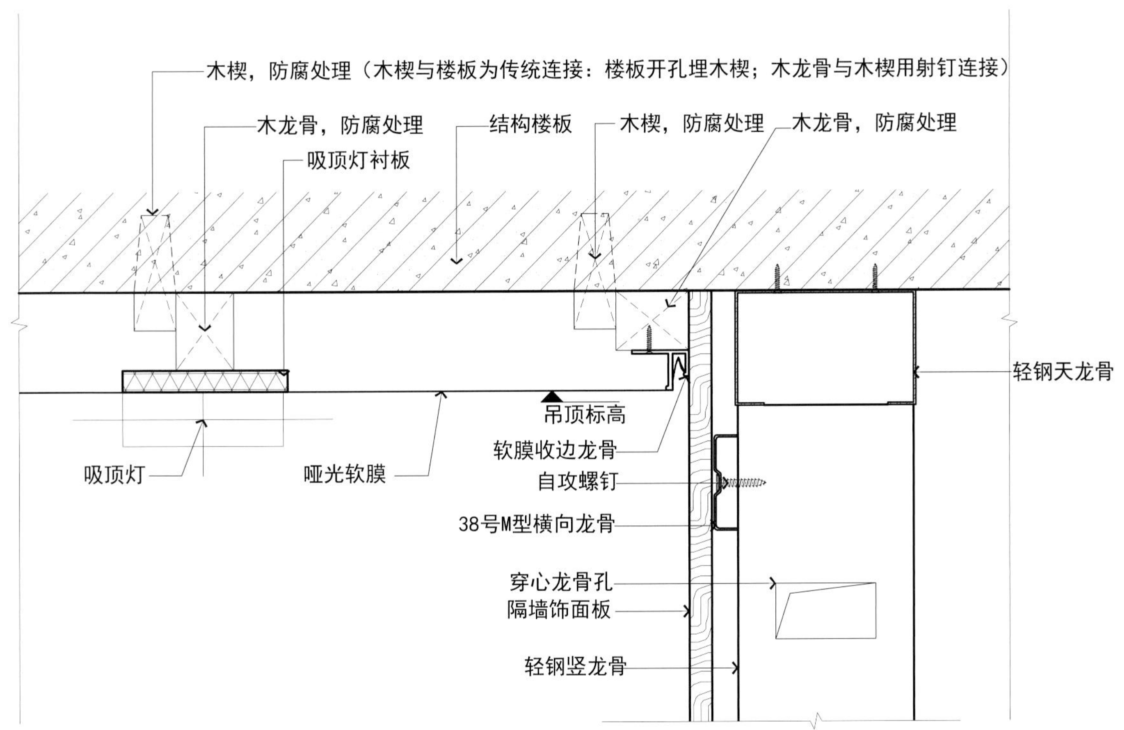
木楔，防腐处理（木楔与楼板为传统连接：楼板开孔埋木楔；木龙骨与木楔用射钉连接）
木龙骨，防腐处理
结构楼板
木楔，防腐处理
木龙骨，防腐处理
吸顶灯衬板
轻钢天龙骨
吊顶标高
软膜收边龙骨
自攻螺钉
38号M型横向龙骨
吸顶灯
哑光软膜
穿心龙骨孔
隔墙饰面板
轻钢竖龙骨

软膜顶棚集成吊顶剖面图

1:3

4.2　免胶墙布顶棚集成吊顶

场景剖视图

解析 本例展示免胶墙布干法施工细节。首先在结构顶面安装38号M型调平龙骨，然后安装管线，实现管线与主体结构分离，再将基层板用十字螺钉固定在M型龙骨上，基层板上铺装免胶墙布。

结构剖视图

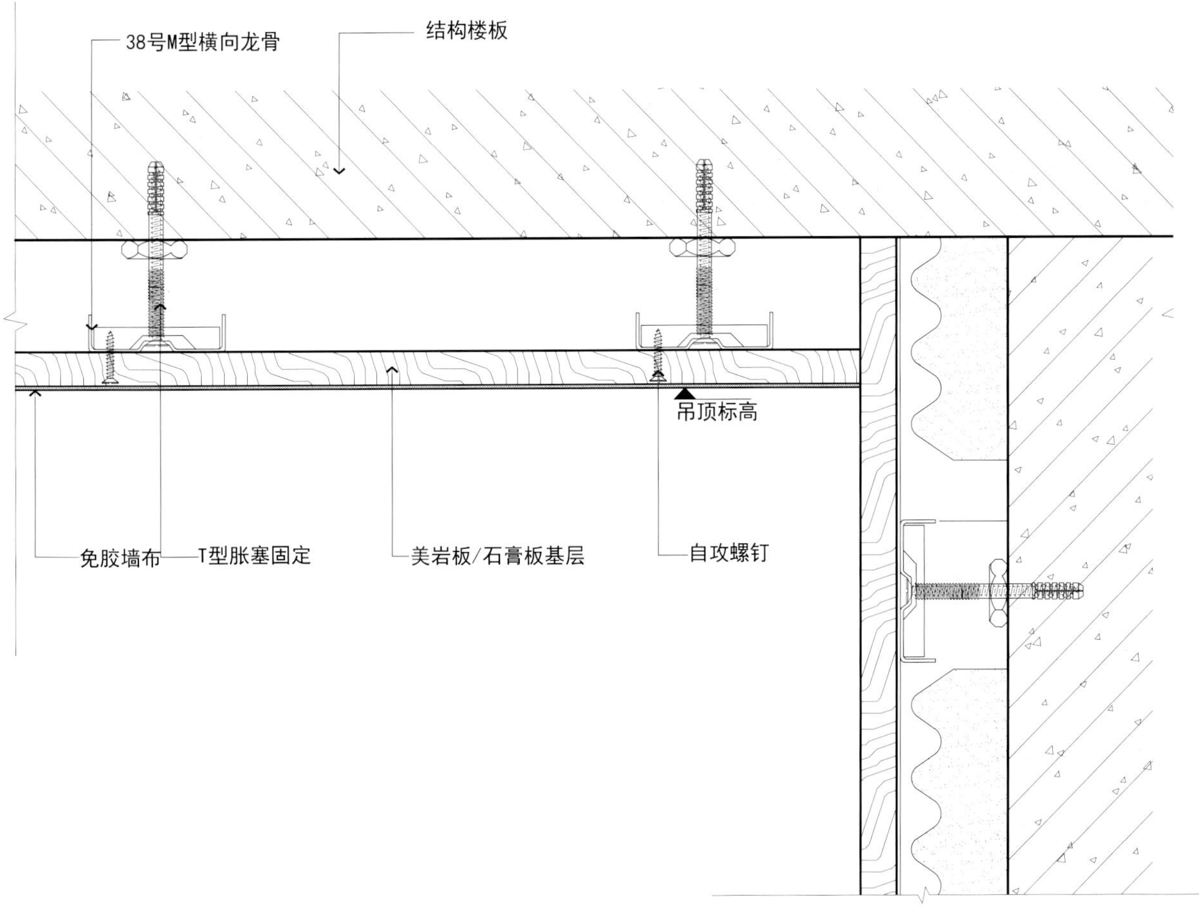
38号M型横向龙骨
结构楼板
吊顶标高
免胶墙布
T型胀塞固定
美岩板/石膏板基层
自攻螺钉

免胶墙布顶棚集成吊顶剖面图

1:2

第 5 章 ｜ 集成吊顶收口顶角线

本系统是集成吊顶系统的顶角线收口解决方案，采取 1.5mm 厚铝合金材料，专属定制而成，分为 10 号、18 号、20 号三个类别，表面采用电泳涂层；主要有哑银、哑香槟、哑灰、哑黑 4 种色号。这种收口型材耐氧化、耐腐蚀，安装快捷、便利，可重复使用。

5.1 集成吊顶 A 型顶角线

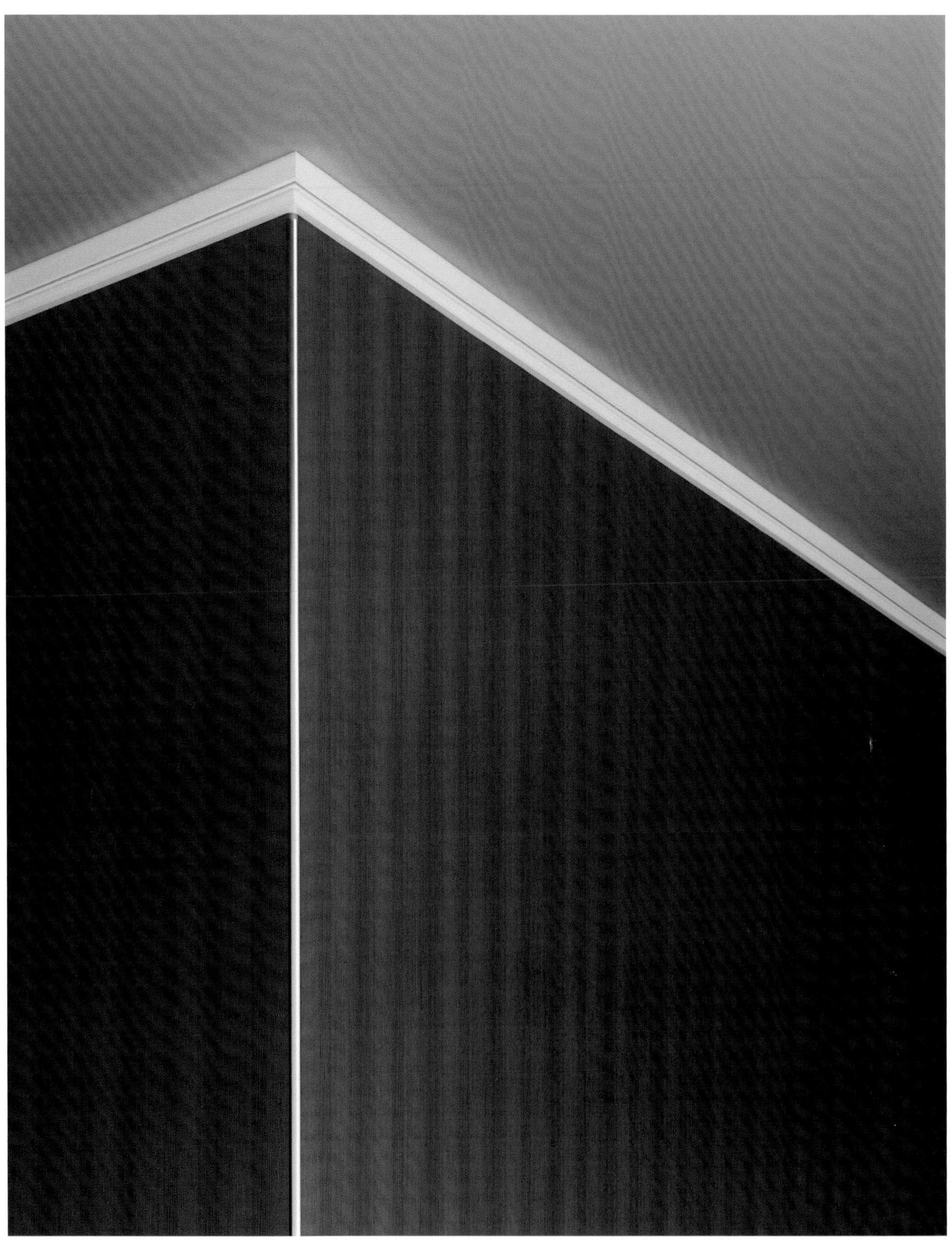

效果展示图

解析 本例展示 80mm × 50mm A 型卡接式石塑顶角线在墙板与集成吊顶收口处的安装方式。首先安装墙面、顶面 38 号 M 型调平龙骨，然后安装集成墙板、顶面基层板，顶面做饰面处理，再用该顶线在墙板、顶面相接处做收口处理。该顶线通用性强，可与本章 B 型、C 型两种顶角线自由组合形成二级吊顶。

三维剖视图

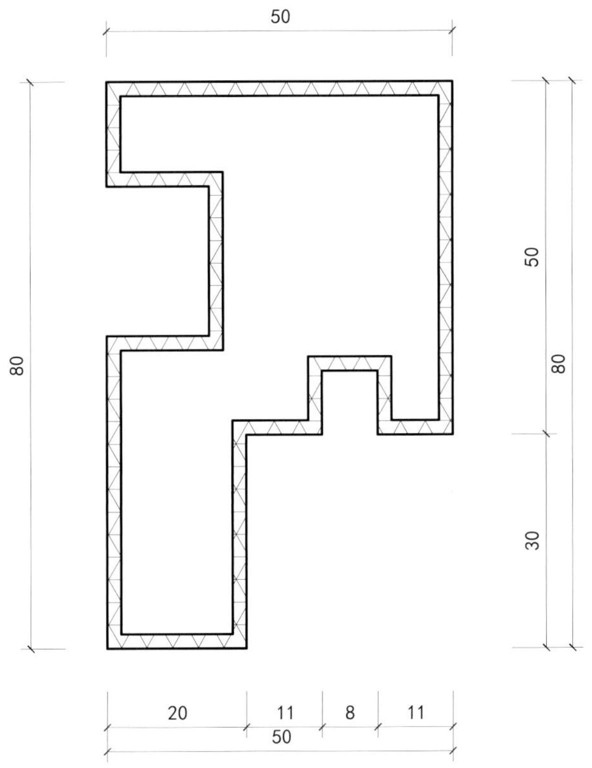

50
50
80
80
30
20
11
8
11
50

A型顶角线大样图

1:1

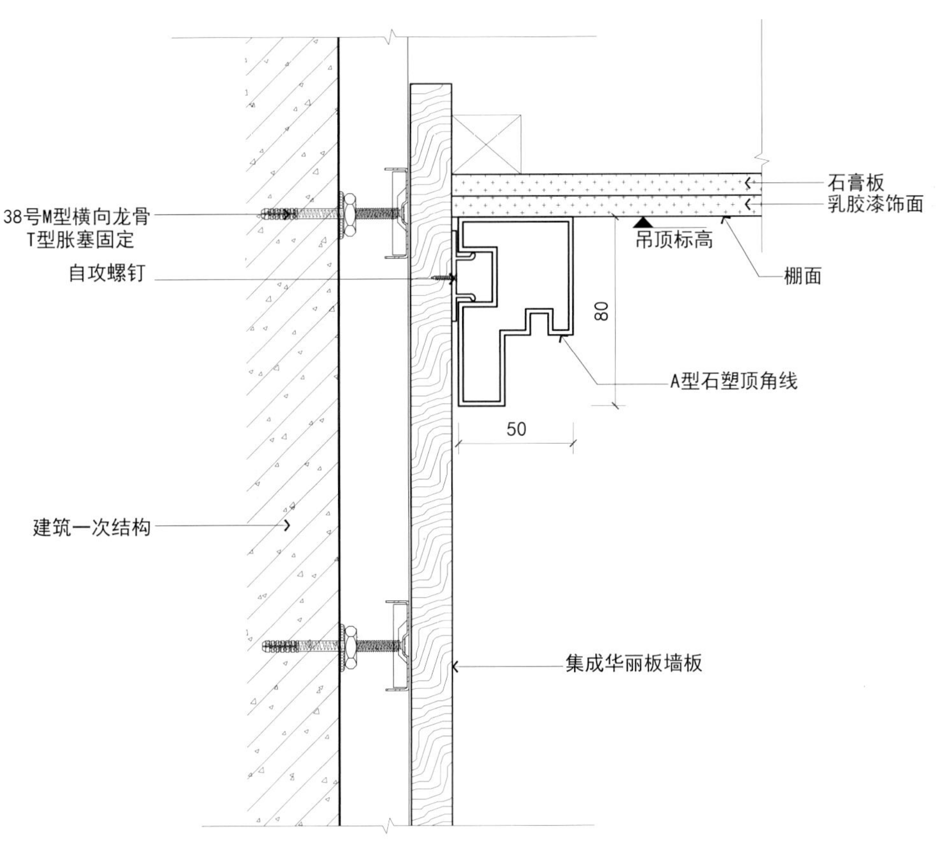

38号M型横向龙骨
T型胀塞固定
自攻螺钉
建筑一次结构
石膏板
乳胶漆饰面
吊顶标高
棚面
80
A型石塑顶角线
50
集成华丽板墙板

A型集成吊顶顶角线剖面图

1:3

结构拆解图

形体结构展示图

5.2 集成吊顶B型顶角线

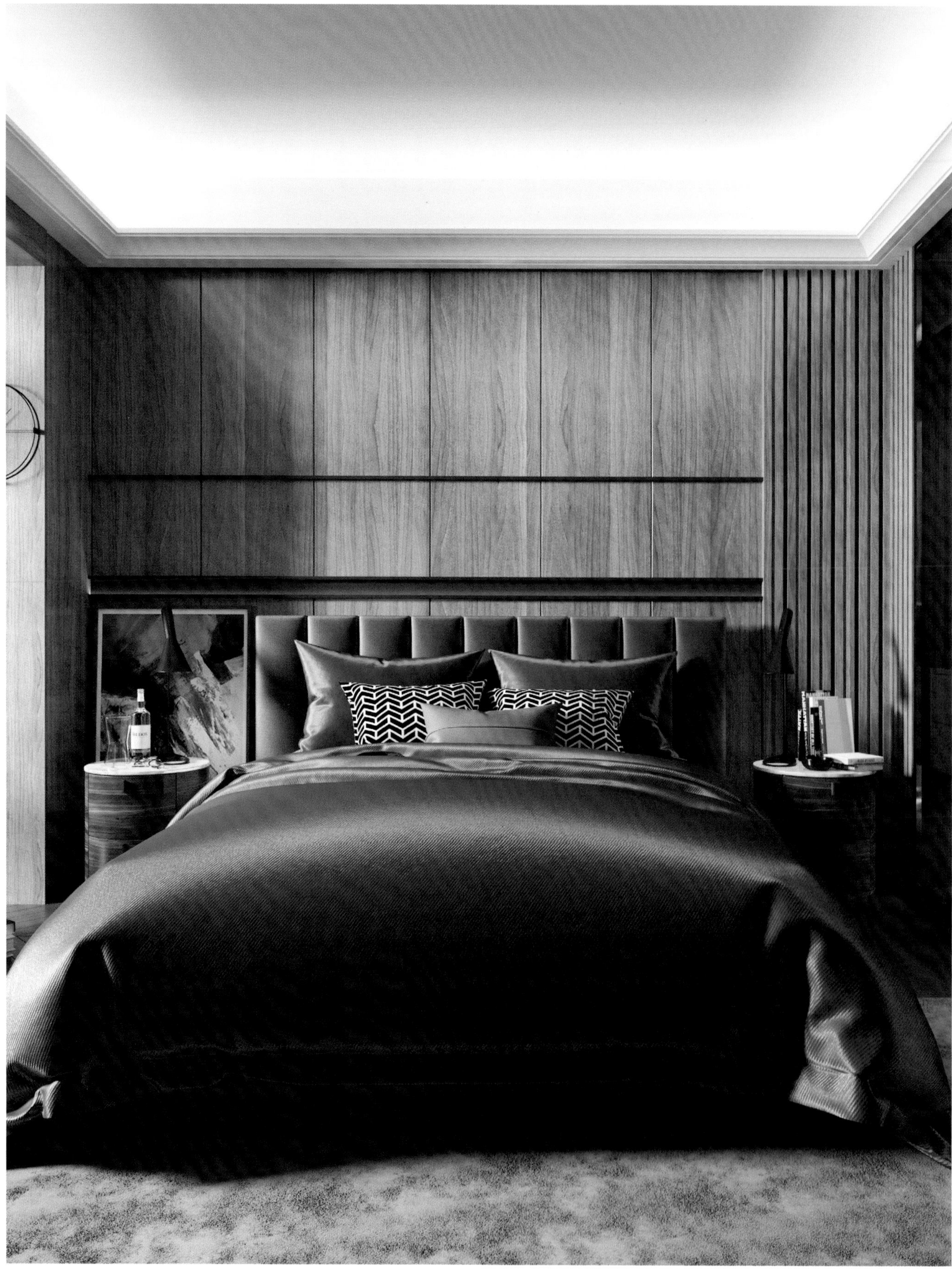

解析 本例展示160mm×90mm B型长接式石塑顶角线在集成吊顶、集成墙板收口处的安装方式。此顶角线在距离顶棚棚面100~150mm处安装，顶线内置LED灯光线条，形成发光二级吊顶。

结构安装示意图

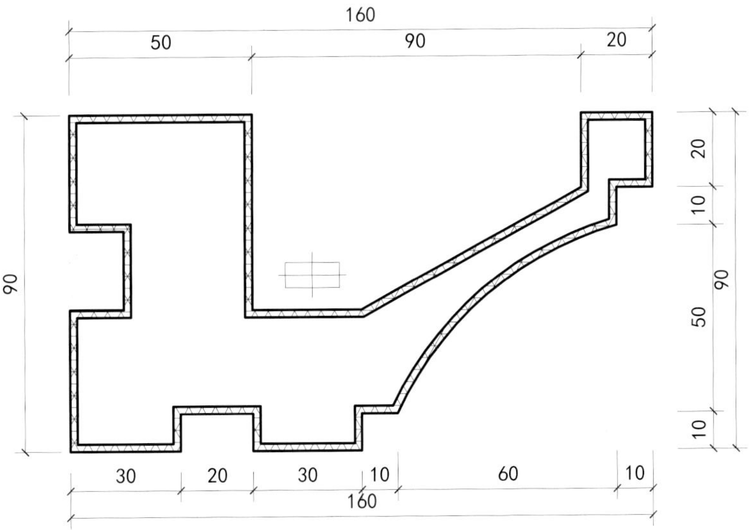
160
50
90
20
20
10
90
50
10
90
30
20
30
10
60
10
160

B型顶角线大样图

1:2

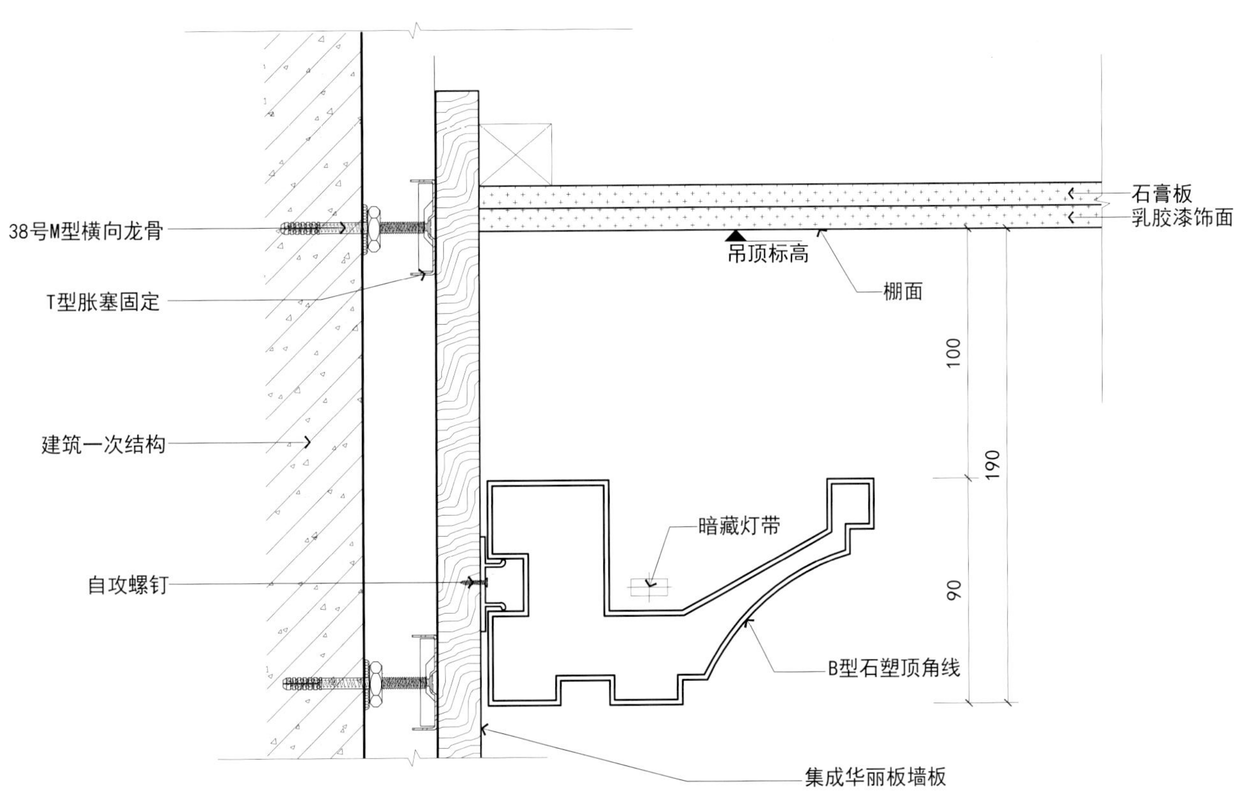
38号M型横向龙骨
T型胀塞固定
建筑一次结构
自攻螺钉
石膏板
乳胶漆饰面
吊顶标高
棚面
100
190
90
暗藏灯带
B型石塑顶角线
集成华丽板墙板

集成吊顶B型顶角线剖面图

1:3

结构拆解图

形体结构展示图

5.3 集成吊顶 C 型顶角线

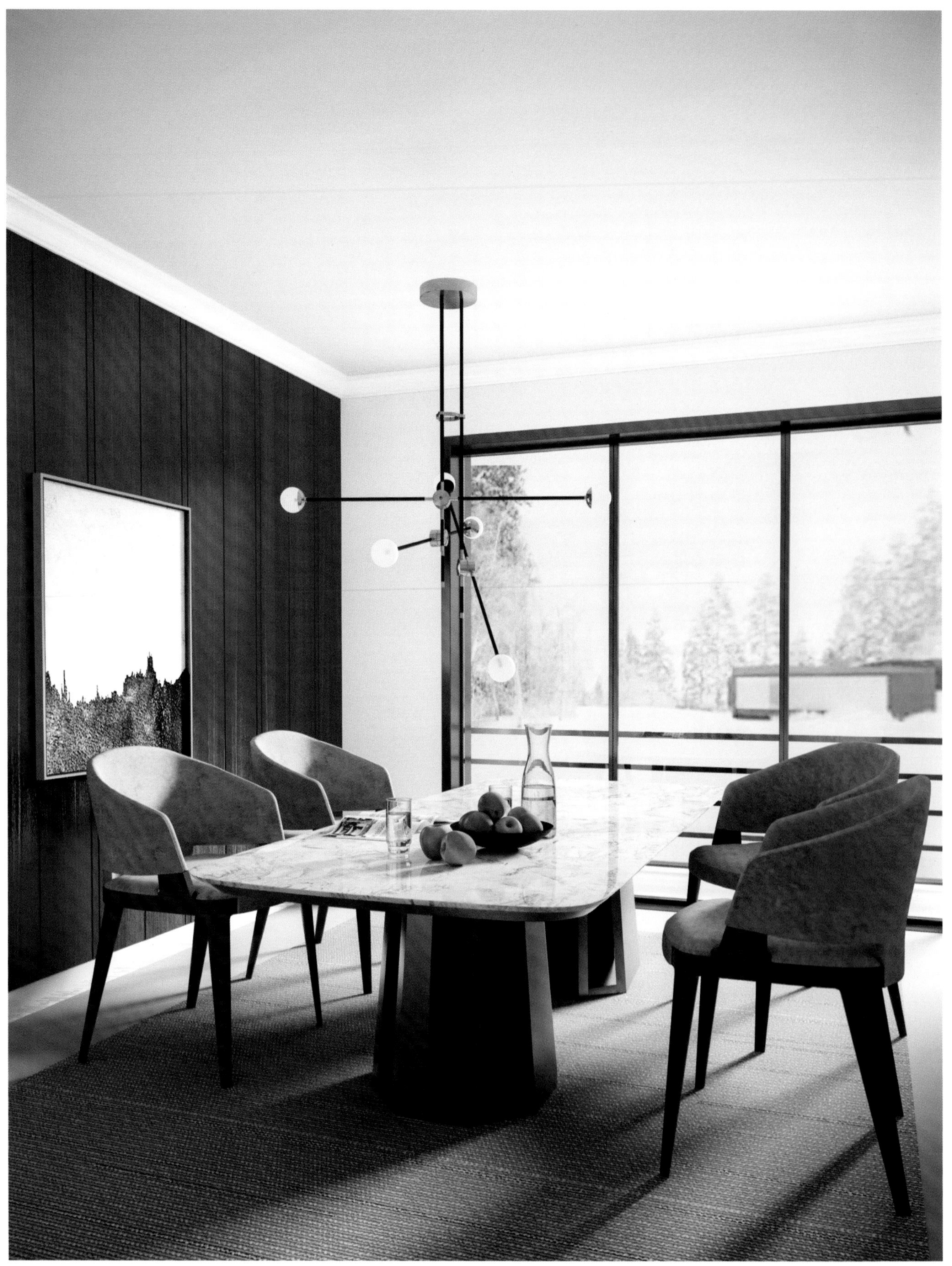

解析 本例展示80mm×80mm C型石塑顶角线在集成墙板、集成吊顶收口处的安装方式。集成墙板、集成吊顶安装完毕后，即可用该顶角线对两项集成系统进行有效收口。

三维剖视图

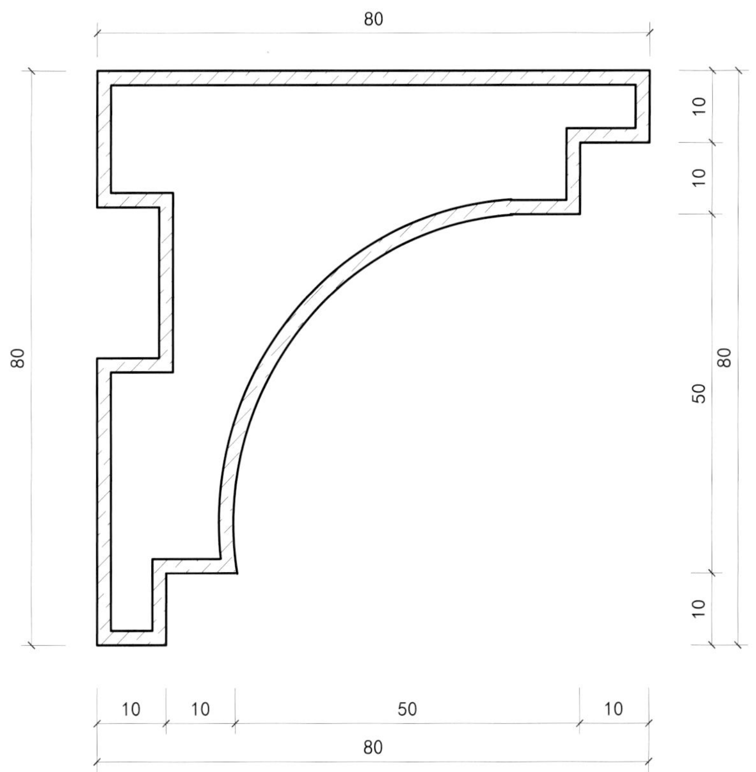
80
80
10
10
50
80
10
10
10
50
10
80

C型顶角线大样图

1:1

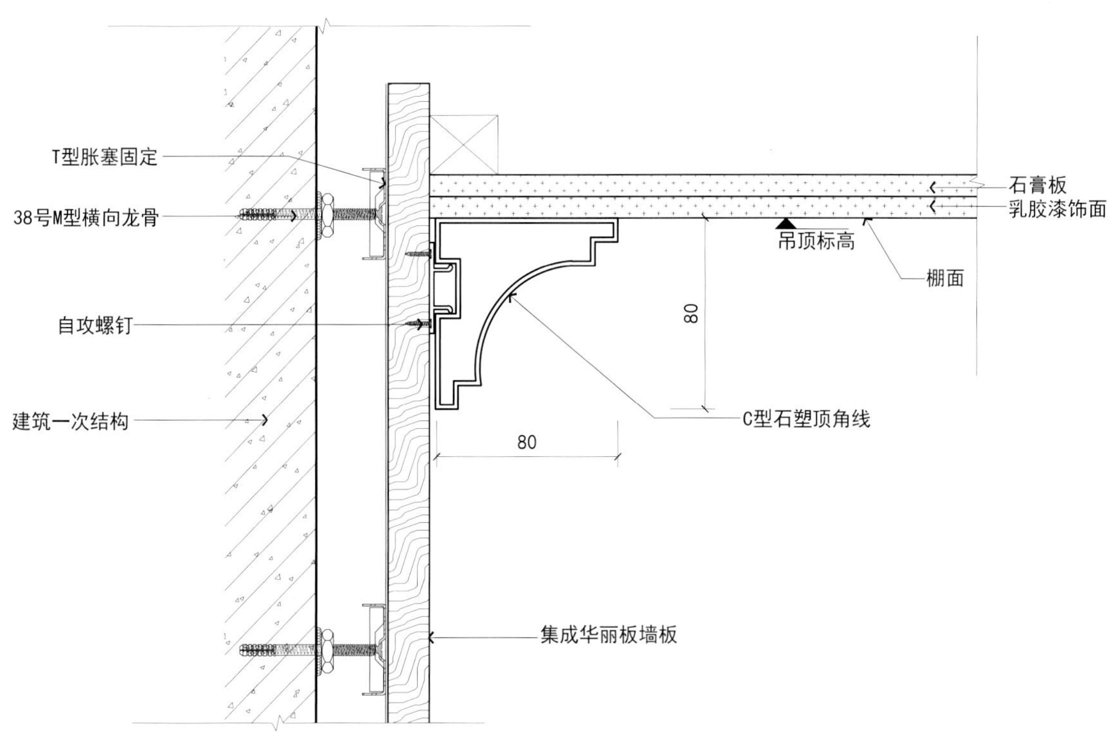
T型胀塞固定
38号M型横向龙骨
自攻螺钉
建筑一次结构
石膏板
乳胶漆饰面
吊顶标高
棚面
80
C型石塑顶角线
80
集成华丽板墙板

集成吊顶C型顶角线剖面图

1:3

结构拆解图

结构展示图

第 6 章 ｜ 集成墙面收口线条

本章讲解集成墙面阳角、阴角、平面收口的解决方案，采用 10mm、18mm 厚阴角、阳角、平面收口线条，安装简便，适用于各种材质间的收口处理。型材线条为 1.5mm 厚铝合金专属定制而成，表面为电泳涂层，有哑银、哑灰、哑香槟、哑黑等色号。

6.1　装饰板阳角收口线条

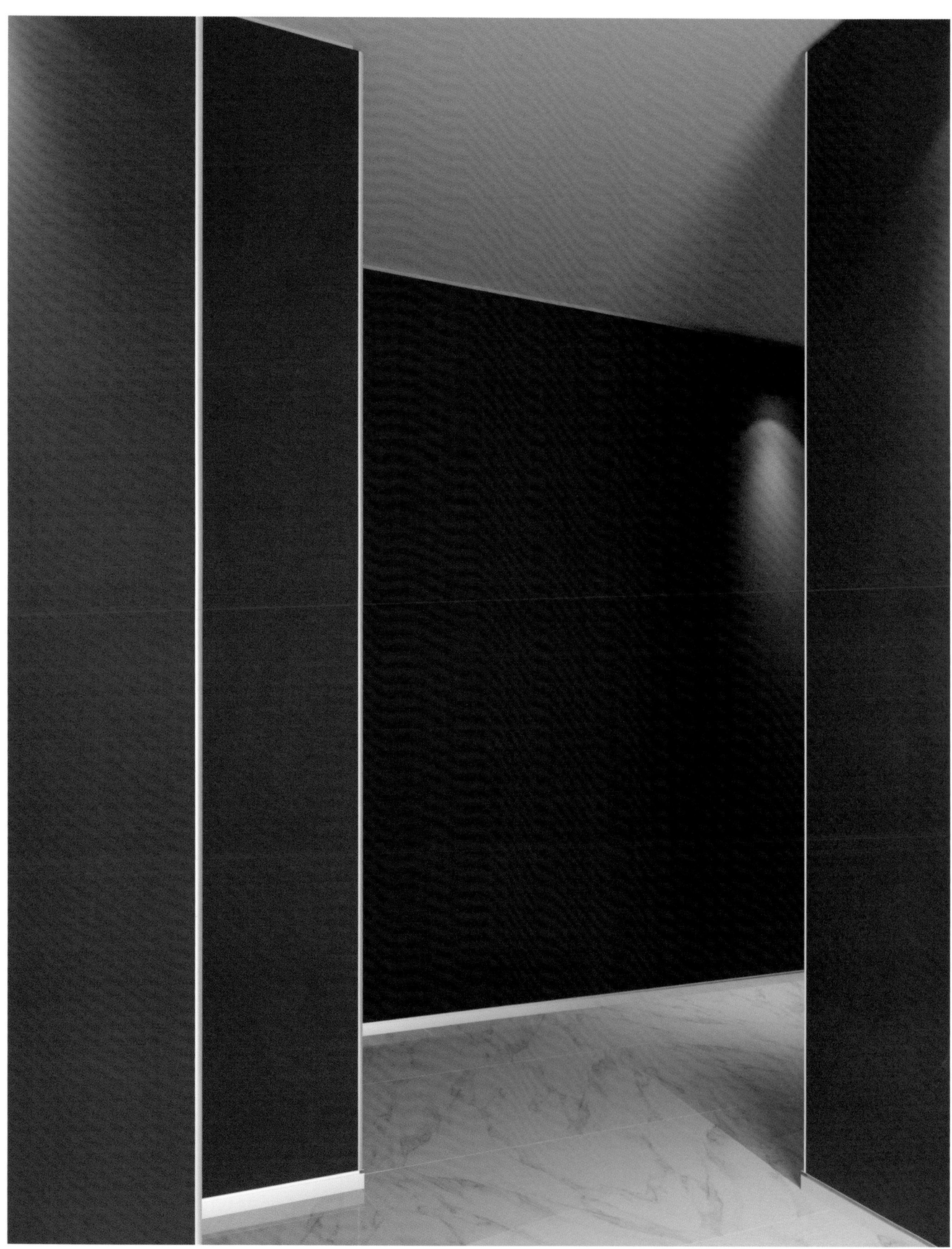

场景展示图

解析 本例展示专属定制的 18 号示例产品——18mm 厚集成墙板阳角收口线条的安装方式。该阳角线壁厚为 1.5mm，有多种颜色选择，同时有 10 号、12 号、15 号、18 号、20 号等多种尺寸，可以解决集成墙板固定连接和装饰作用。

三维剖视图

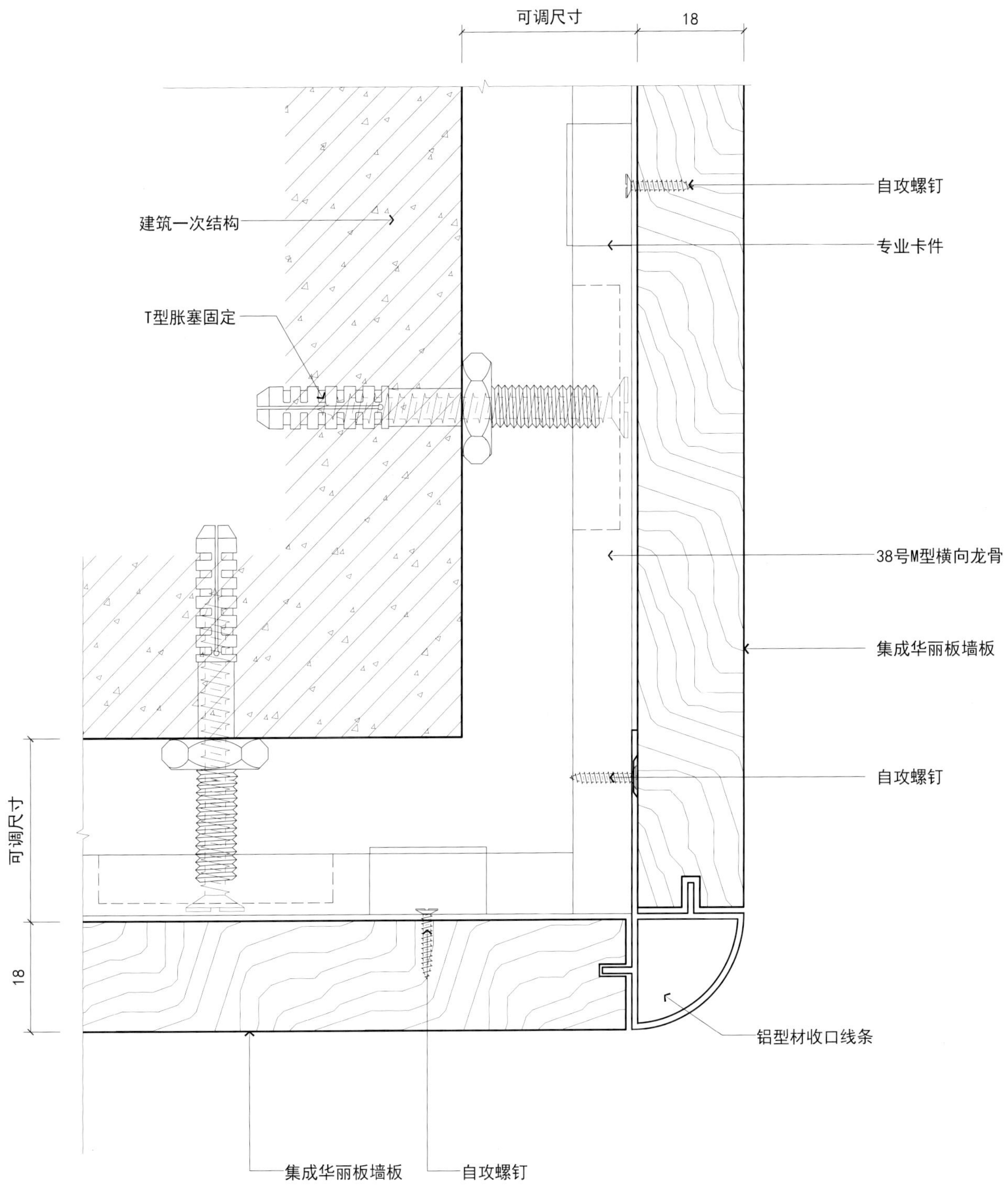
可调尺寸
18
自攻螺钉
建筑一次结构
专业卡件
T型胀塞固定
38号M型横向龙骨
集成华丽板墙板
自攻螺钉
可调尺寸
18
铝型材收口线条
集成华丽板墙板
自攻螺钉

装饰板阳角收口线条剖面图

1:1

6.2　装饰板阴角收口线条

三维结构剖视图

解析 本例展示集成墙板阴角收口线条的安装方式。该阴角线条为插接式，壁厚 1.5mm，有 12 号、15 号、18 号等多种尺寸，起到将两侧开槽的集成墙板插接固定及装饰的作用。

三维剖视图

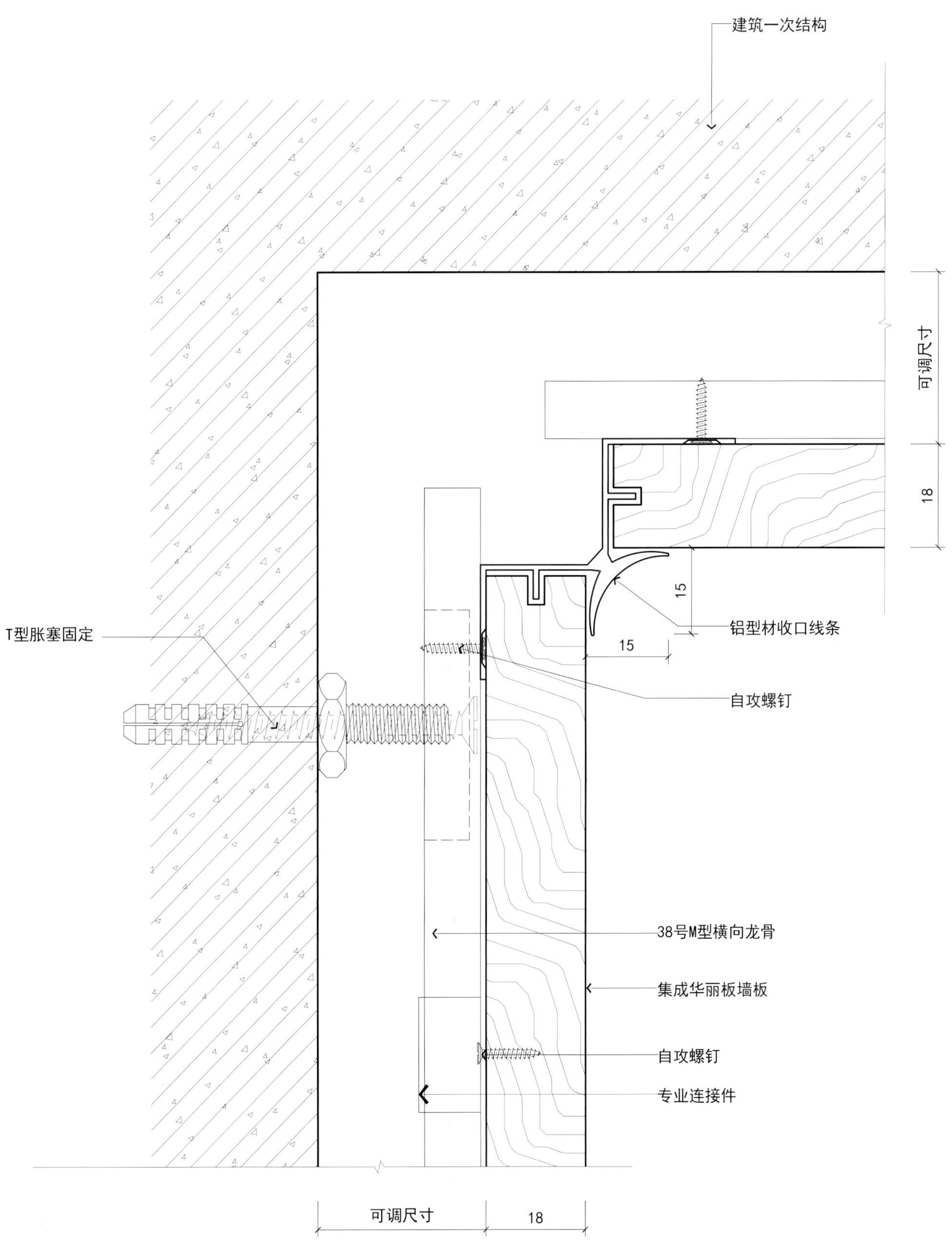
建筑一次结构
可调尺寸
18
15
铝型材收口线条
15
T型胀塞固定
自攻螺钉
38号M型横向龙骨
集成华丽板墙板
自攻螺钉
专业连接件
可调尺寸
18

装饰板阴角收口线条剖面图

1:1

6.3 装饰板平面收口线条

三维剖视图

解析 本例展示专属定制的凹槽直拼收口线条。该线条壁厚1.5mm，有10号、12号、15号、18号4种规格和多种产品类型，可对两侧开槽的集成墙板起到固定连接和装饰作用。

三维剖视图

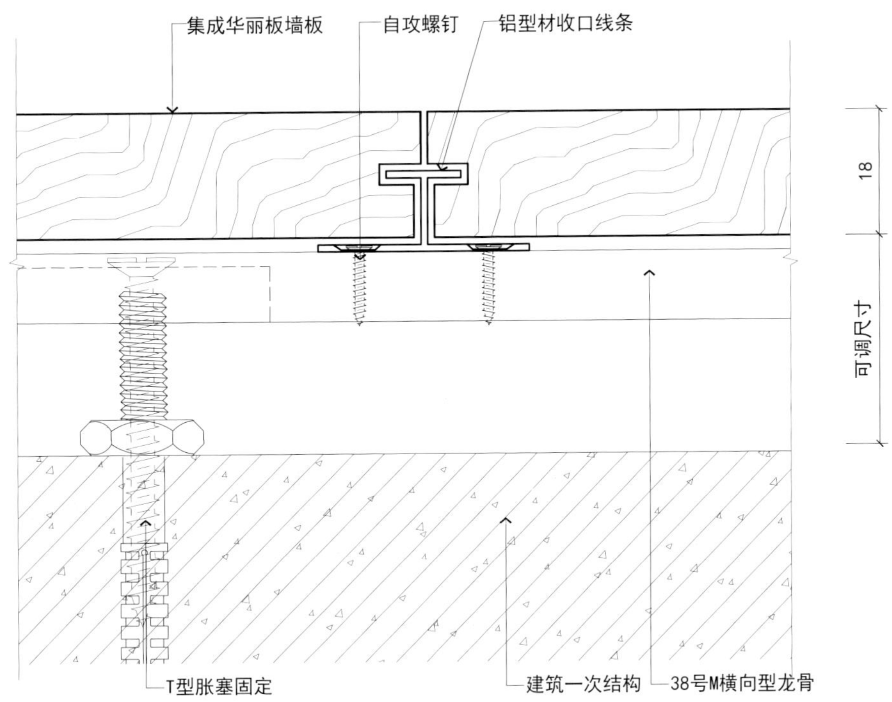
集成华丽板墙板
自攻螺钉
铝型材收口线条
18
可调尺寸
T型胀塞固定
建筑一次结构
38号M横向型龙骨

装饰板平面收口线条（一）剖面图

1:2

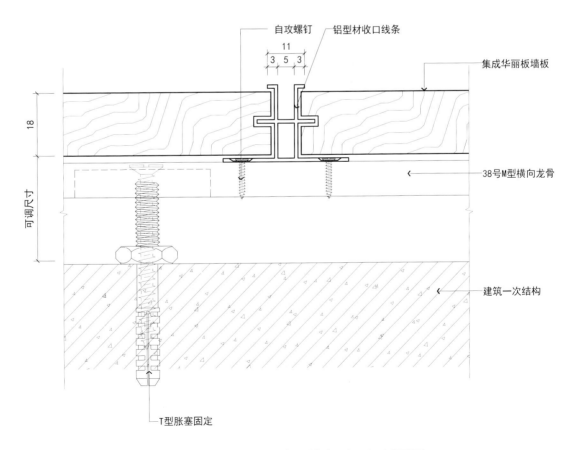

自攻螺钉

铝型材收口线条

11

3 5 3

集成华丽板墙板

18

38号M型横向龙骨

可调尺寸

建筑一次结构

T型胀塞固定

装饰板平面收口线条（二）剖面图

1:2

6.4 美岩板阳角收口线条

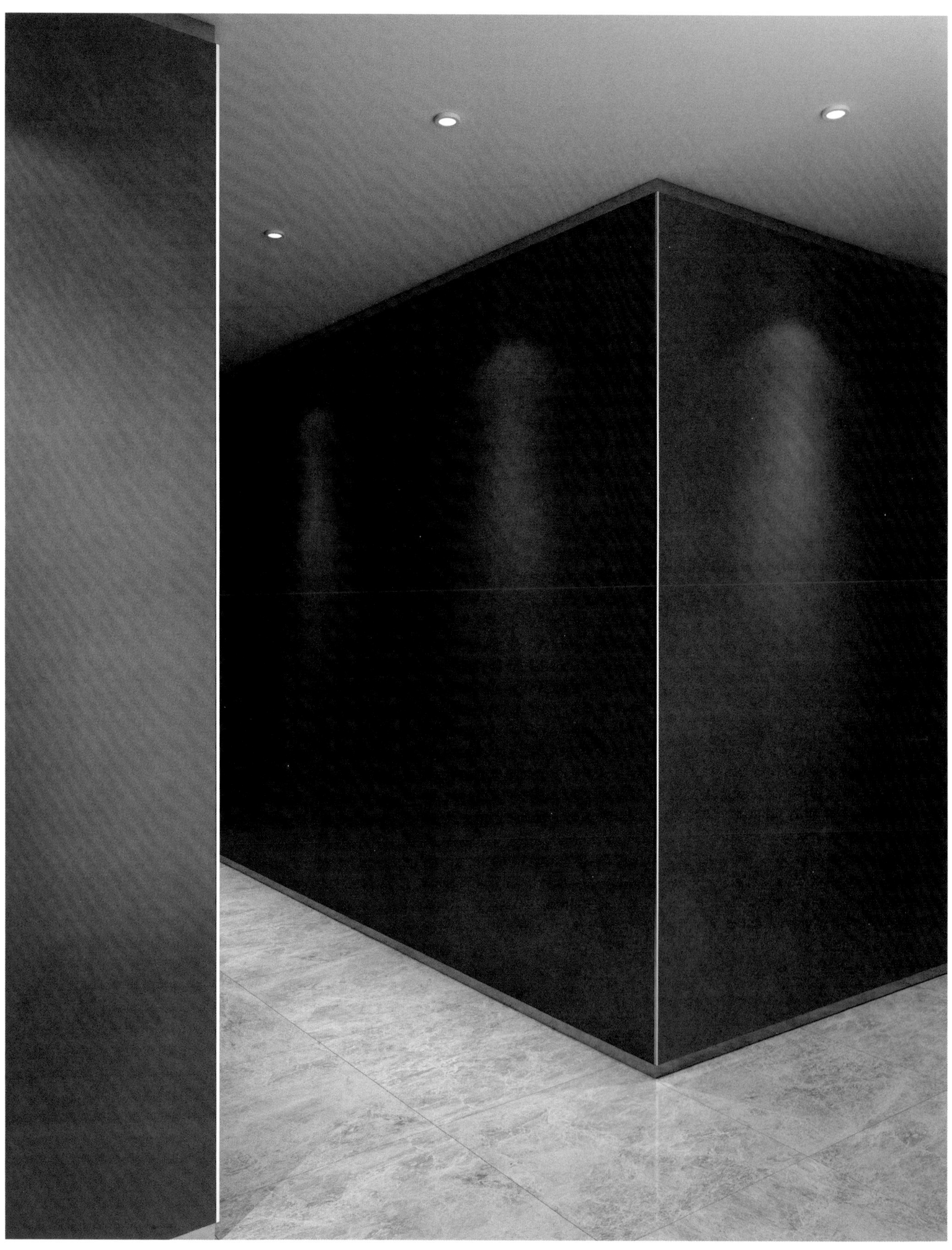

场景展示图

解析 本例展示专属定制的集成装饰墙板阳角收口线条的安装方式。该线条壁厚 1.5mm，有哑银、哑香槟、哑黑、哑灰等多种饰面颜色选择，可满足集成墙板阳角收口固定及装饰的要求。

三维剖视图

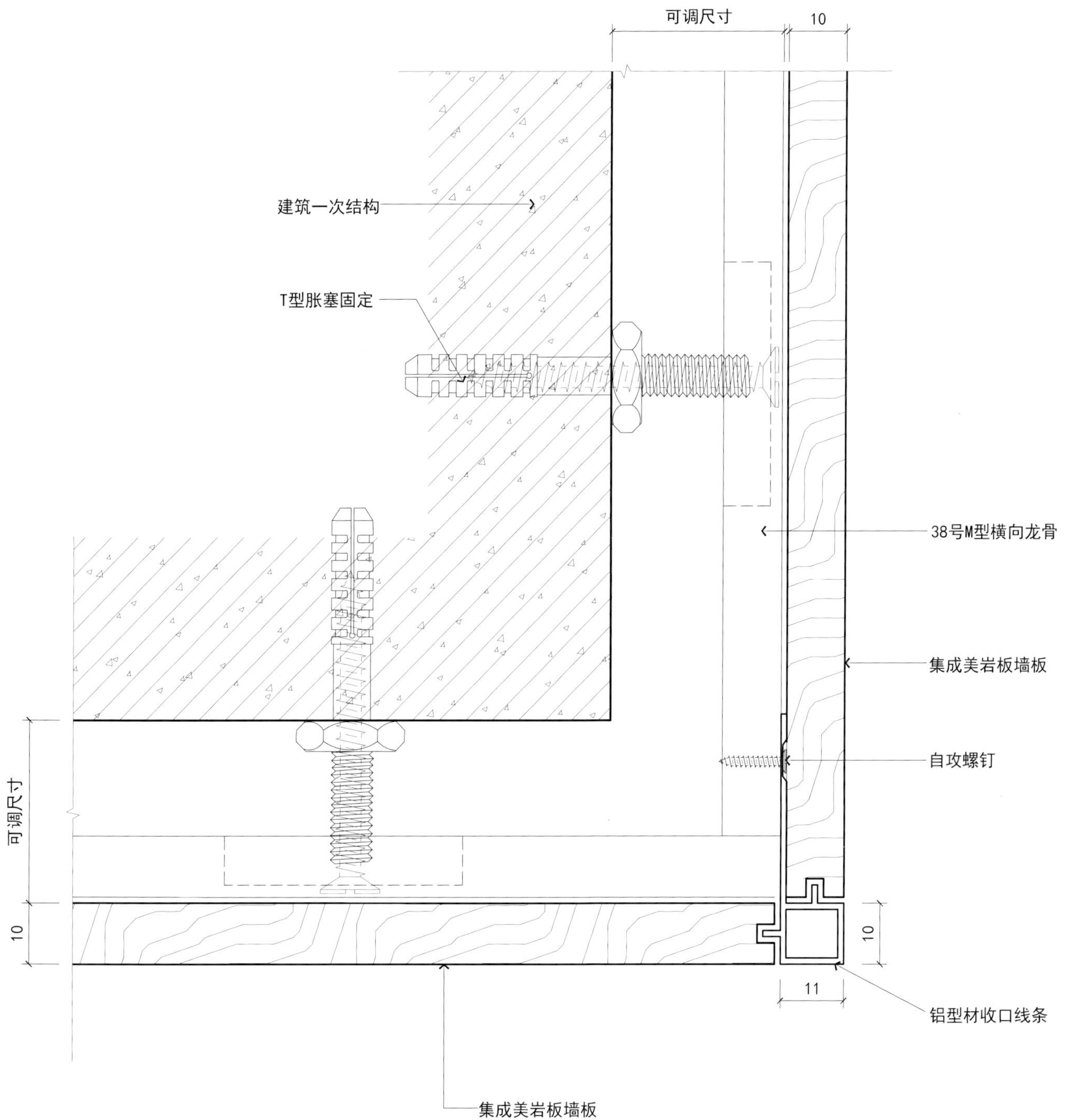
可调尺寸
10
建筑一次结构
T型胀塞固定
38号M型横向龙骨
集成美岩板墙板
自攻螺钉
可调尺寸
10
10
11
铝型材收口线条
集成美岩板墙板

美岩板阳角收口线条剖面图

1:1

6.5 美岩板阴角收口线条

场景展示图

解析 本例展示专属定制的集成装饰墙板阴角收口线条的安装方式。该线条壁厚 1.5mm，有多种规格和颜色可以选择，可满足集成墙板阴角收口固定和装饰要求。

三维剖视图

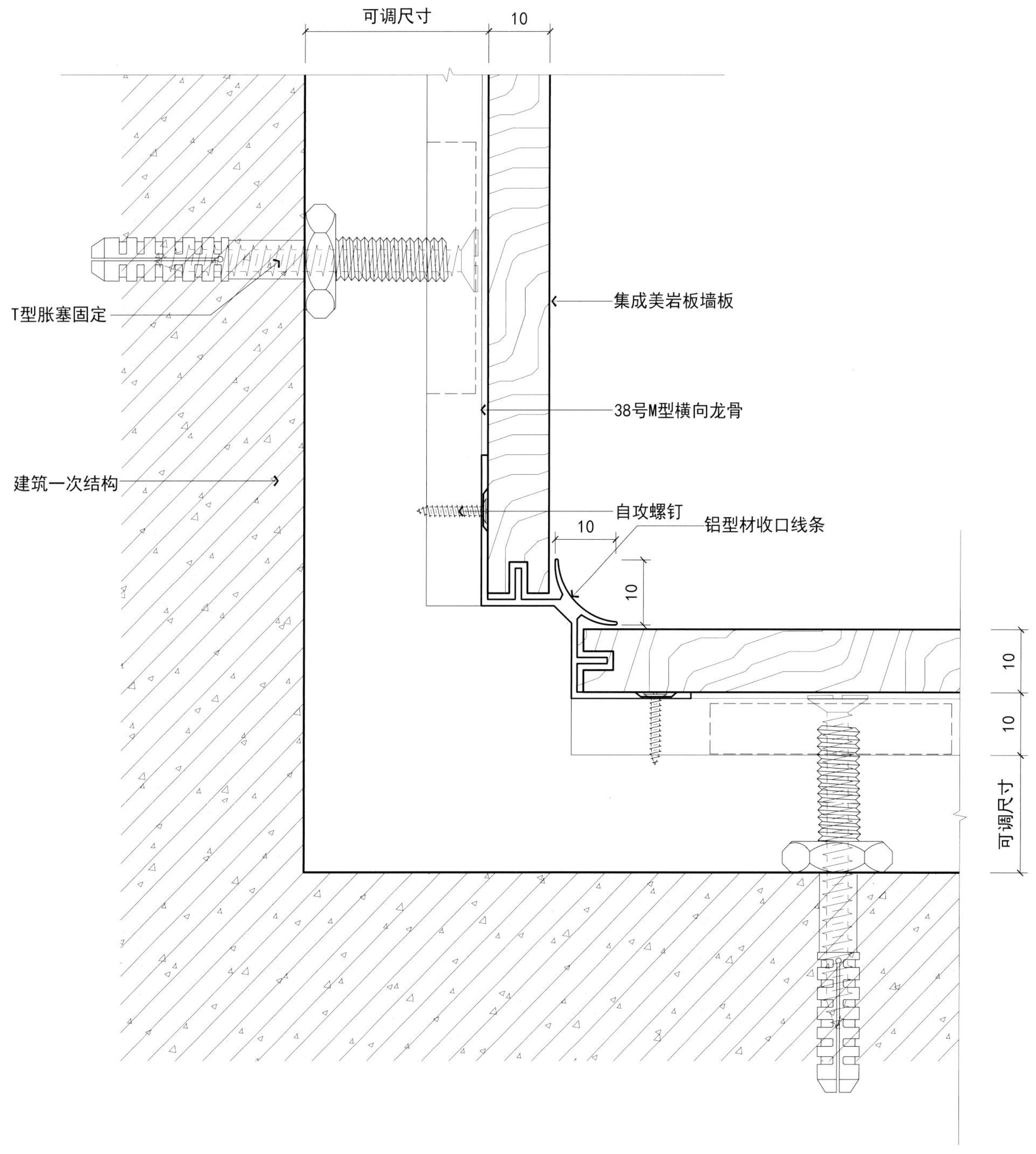
可调尺寸
10
T型胀塞固定
集成美岩板墙板
38号M型横向龙骨
建筑一次结构
自攻螺钉
铝型材收口线条
10
10
10
10
可调尺寸

美岩板阴角收口线条剖面图

1:1

6.6　美岩板平面收口线条

三维剖视图

解析 本例展示集成墙板的“工”字形密拼插接式平面收口线条的安装方式。该收口连接件有 10 号、12 号、15 号、18 号 4 种规格，通过该连接件可将两侧开槽的 10mm、12mm、15mm、18mm 厚集成墙板进行密拼连接。

三维剖视图

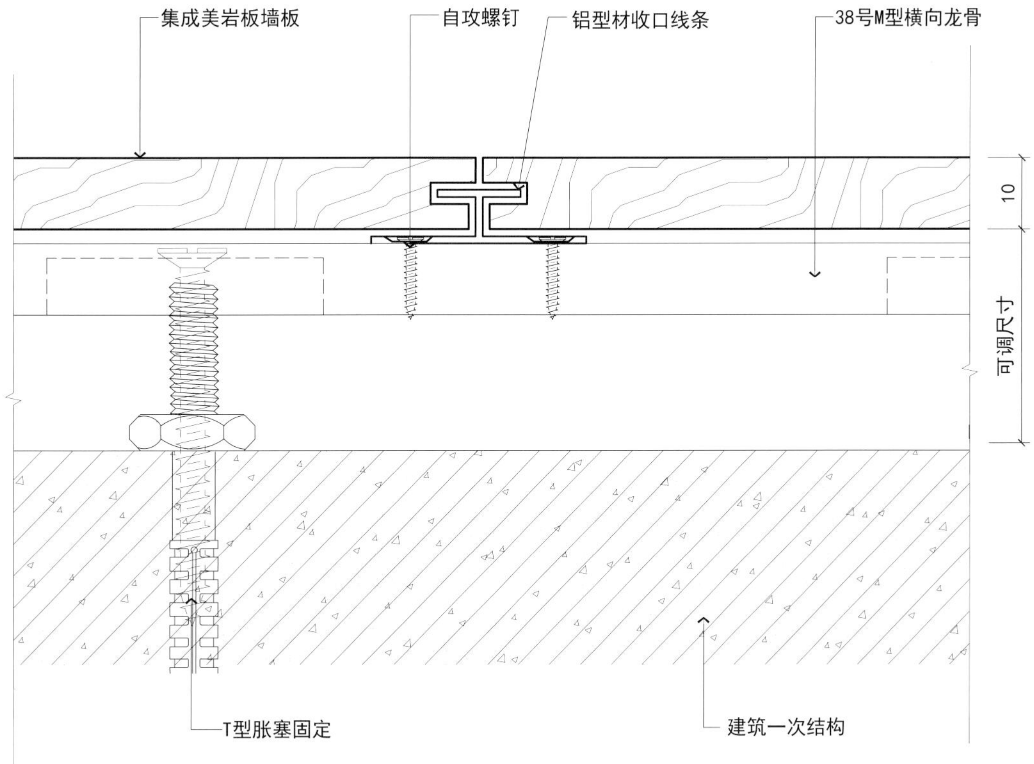
集成美岩板墙板
自攻螺钉
铝型材收口线条
38号M型横向龙骨
10
可调尺寸
T型胀塞固定
建筑一次结构

美岩板平面收口线条（一）剖面图

1:2

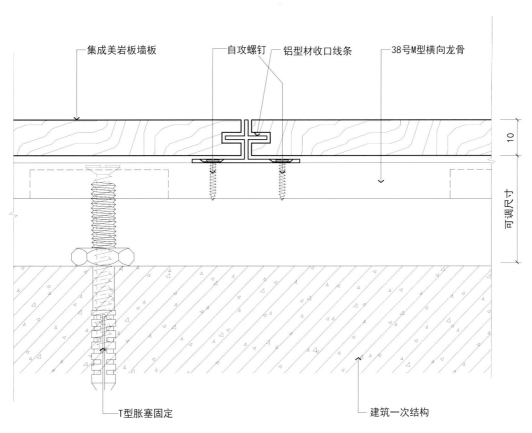

集成美岩板墙板

自攻螺钉

铝型材收口线条

38号M型横向龙骨

10

可调尺寸

T型胀塞固定

建筑一次结构

美岩板平面收口线条（二）剖面图

1:2

6.7　瓷砖阳角收口线条

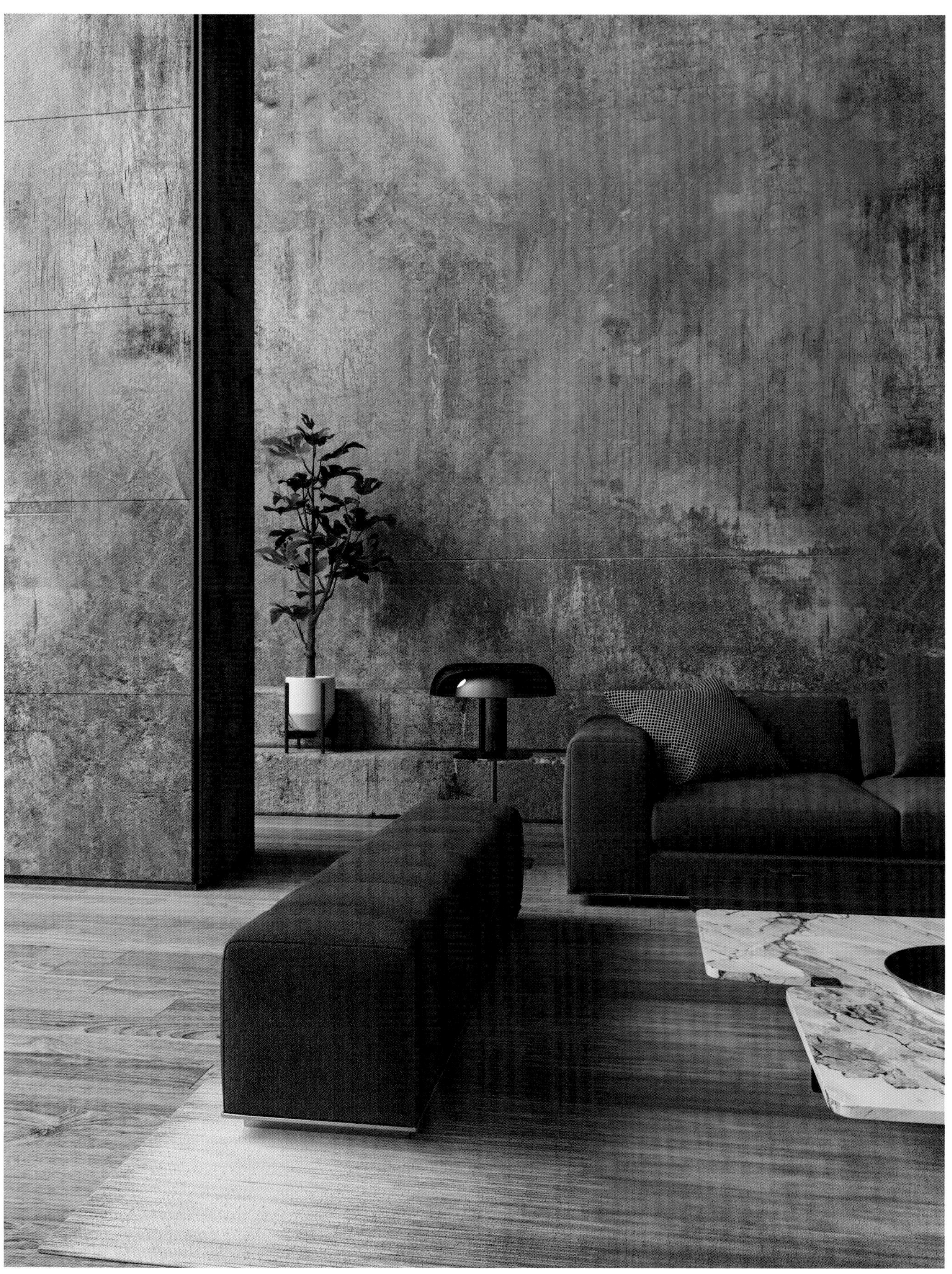

解析 本例展示干法快装墙面瓷砖阳角收口线条的节点构造。该收口线条采用 1.5mm 壁厚铝合金连接件，将干法快装墙面瓷砖在阳角处进行固定连接，并起到装饰作用。

三维剖视图（一）

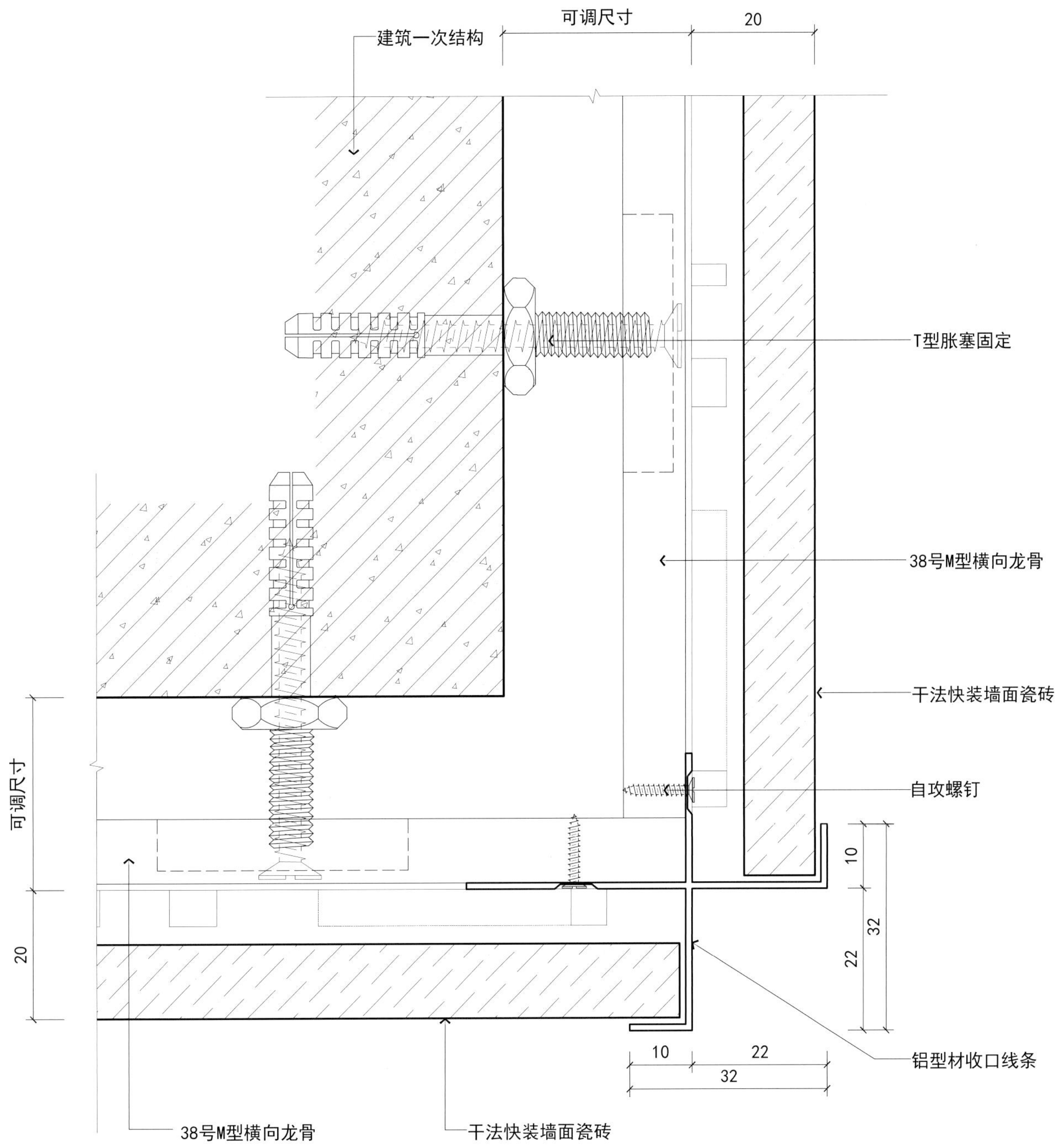
建筑一次结构
可调尺寸
20
T型胀塞固定
38号M型横向龙骨
干法快装墙面瓷砖
自攻螺钉
10
32
22
铝型材收口线条
可调尺寸
20
10
22
32
38号M型横向龙骨
干法快装墙面瓷砖

瓷砖阳角收口线条剖面图

1:1

三维剖视图（二）

结构拆解图

6.8 瓷砖阴角收口线条

场景展示图

解析 本例展示干法快装墙面瓷砖阴角收口线条的节点构造。该阴角收口线条采用 1.5mm 壁厚铝合金连接件，可以将干法快装墙面瓷砖在阴角处进行固定连接，并起到装饰作用。

三维剖视图

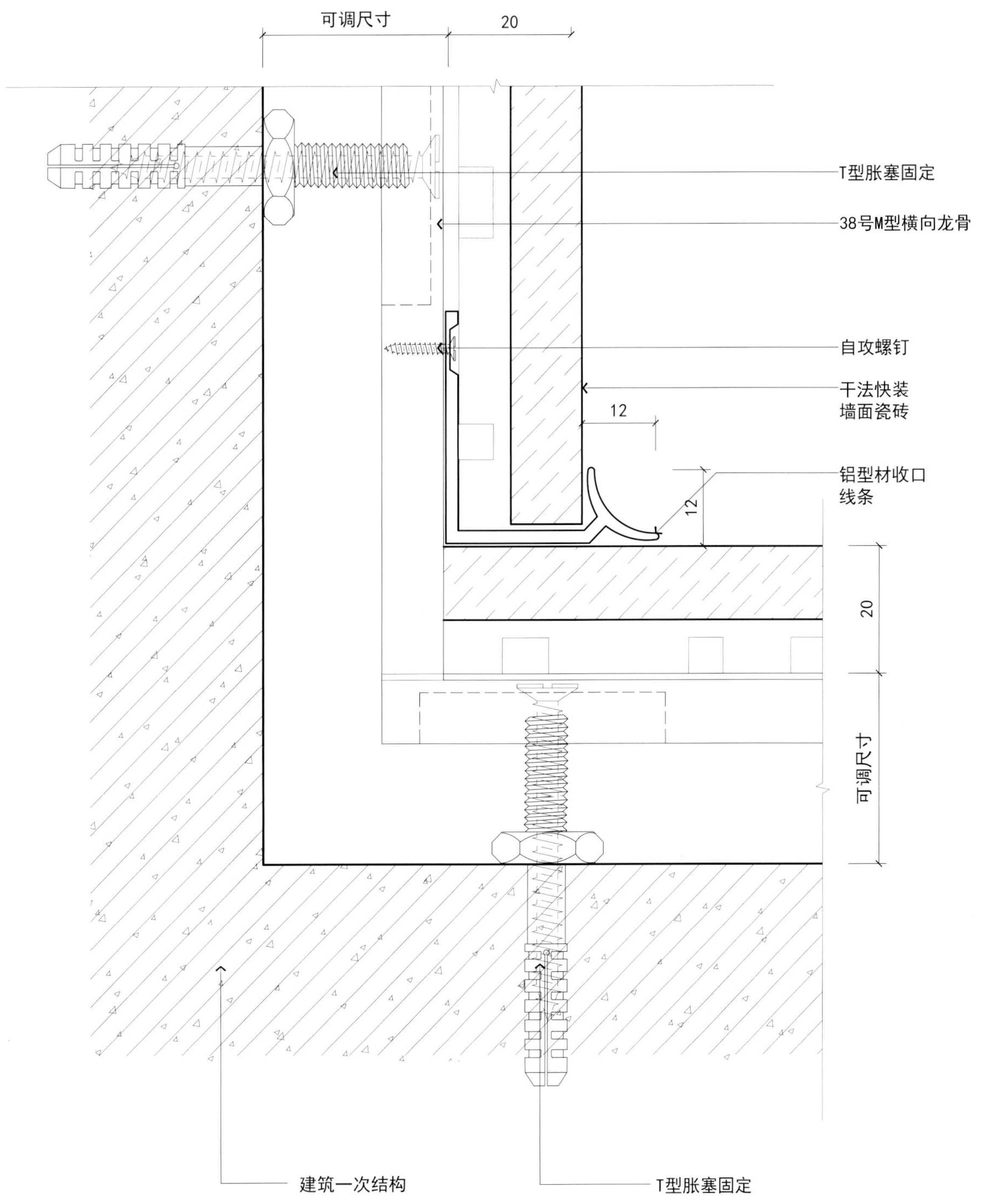
可调尺寸
20
T型胀塞固定
38号M型横向龙骨
自攻螺钉
干法快装
墙面瓷砖
12
铝型材收口
线条
12
20
可调尺寸
建筑一次结构
T型胀塞固定

瓷砖阴角收口线条节点剖面图

1:1

6.9　瓷砖平面收口线条

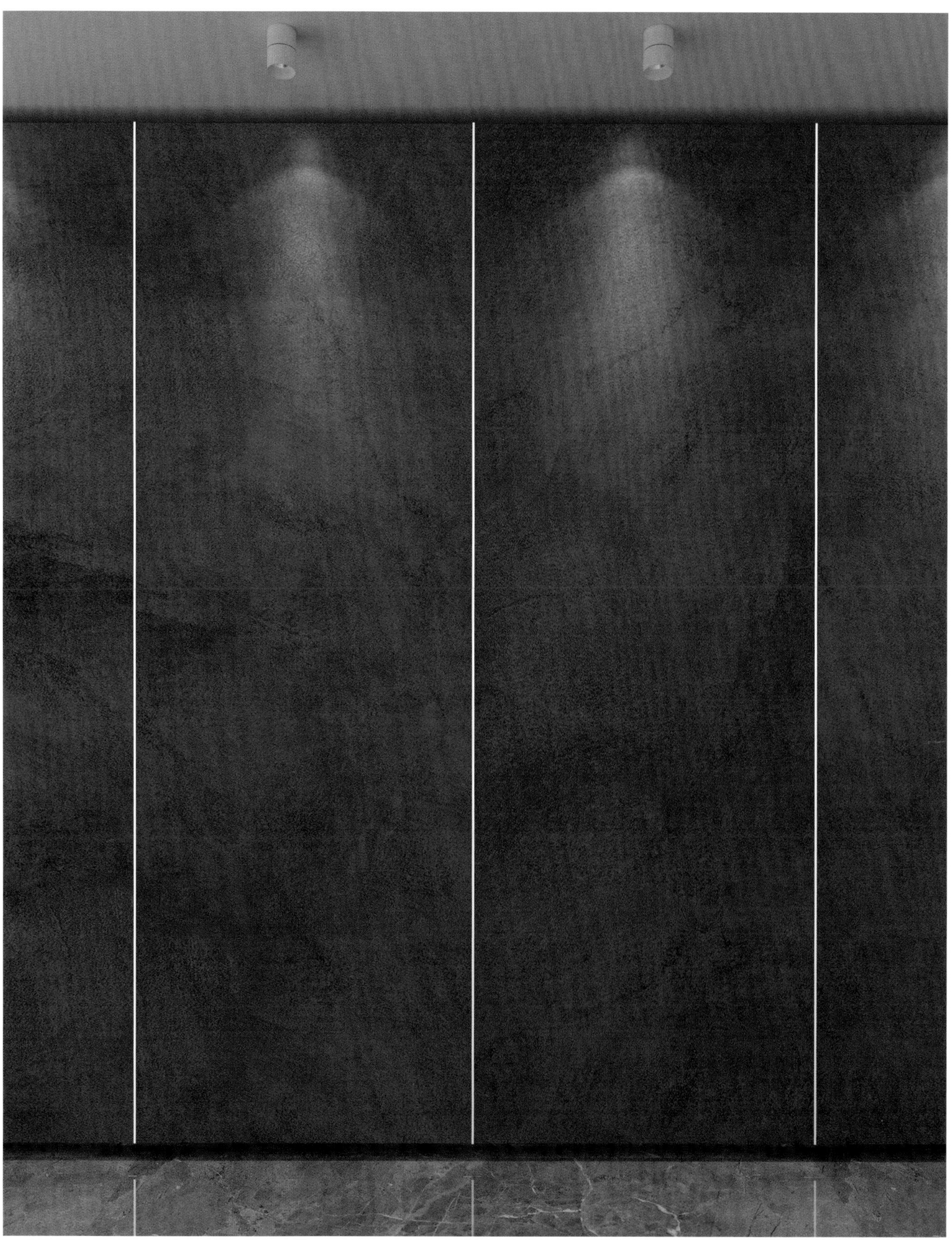

场景展示图

解析 本例展示“工”字形龙骨收口线条，解决干法快装墙面瓷砖直拼收口和装饰需求。该收口线条壁厚 1.5mm，先将其固定在 38 号 M 型调平龙骨上，再将干法快装墙面瓷砖卡入收口线条内，即完成瓷砖在平面内的收口。

三维剖视图

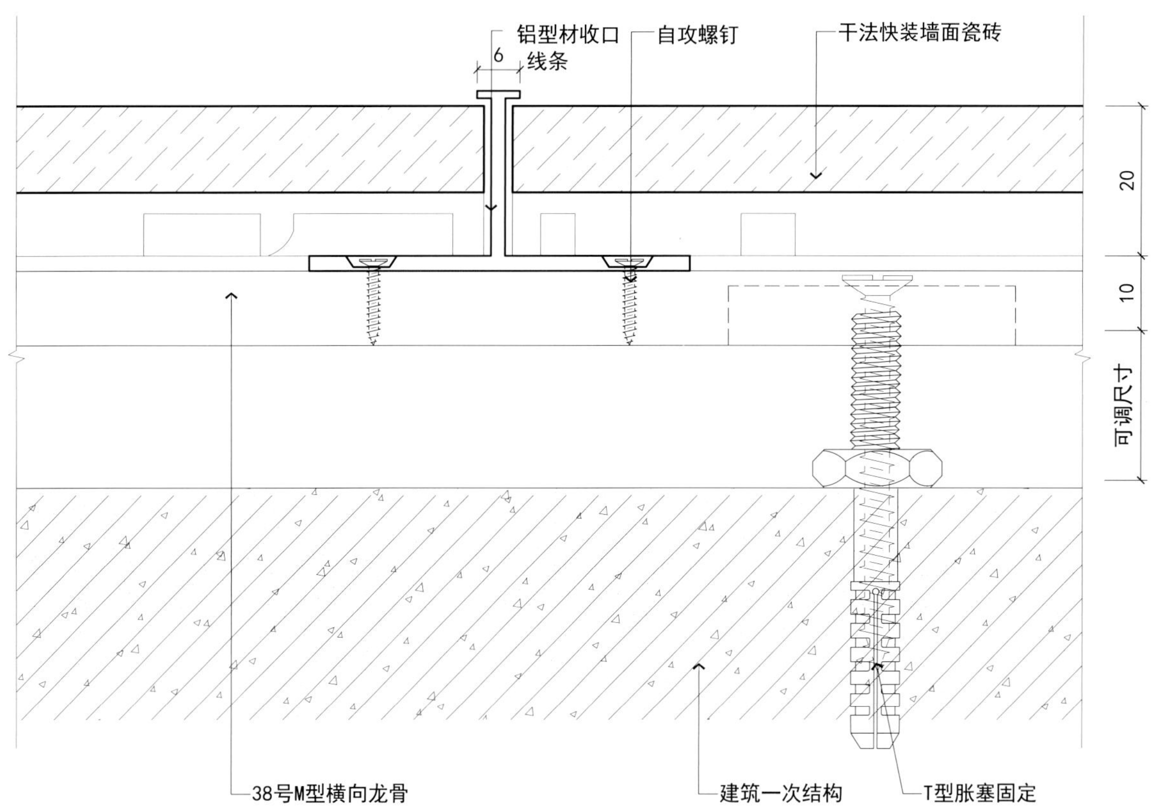
铝型材收口
线条
6
自攻螺钉
干法快装墙面瓷砖
20
10
可调尺寸
38号M型横向龙骨
建筑一次结构
T型胀塞固定

瓷砖平面收口线条剖面图

1:1

第 7 章 | 踢脚线收口线条

本收口系统是由 1.5mm 厚铝合金型材定制而成，适用于 10mm、18mm 厚集成墙板，20mm 厚干法快装墙面瓷砖、地面瓷砖的踢脚线收口。踢脚线高度分为 80mm、100mm 两种，各分为发光和不发光两种款式。

7.1　内凹踢脚线收口线条

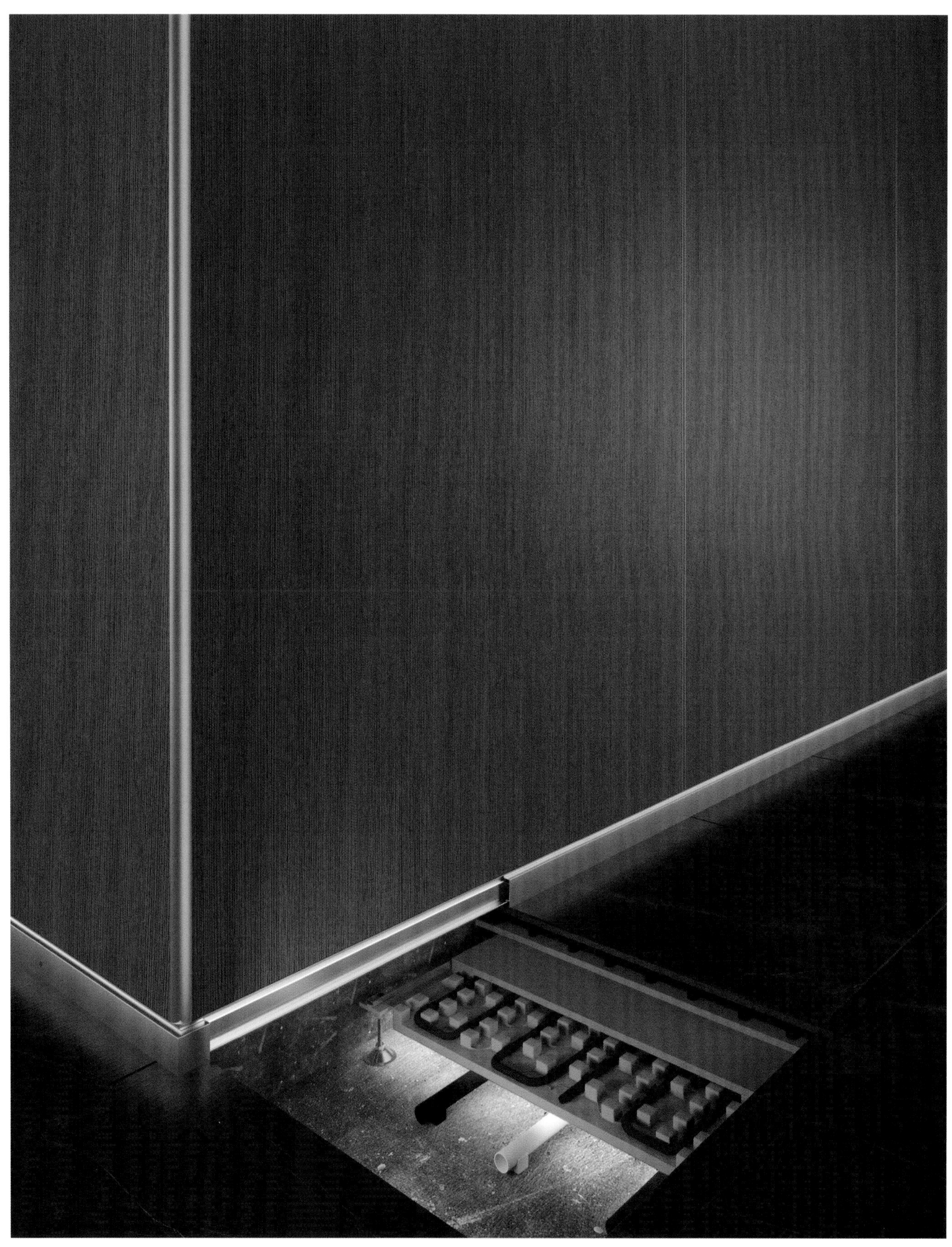

效果展示及剖视图

解析 本例展示集成架空模块楼地面系统与集成墙板收口连接处内凹踢脚线的节点构造。在完成集成架空楼地面安装后，做铝合金踢脚线安装，然后将墙板固定在M型调平龙骨上，墙板底部搁在踢脚线上。该干法作业可以实现装配式装修的“可逆性”，可装、可拆，互换便捷。

三维剖视图

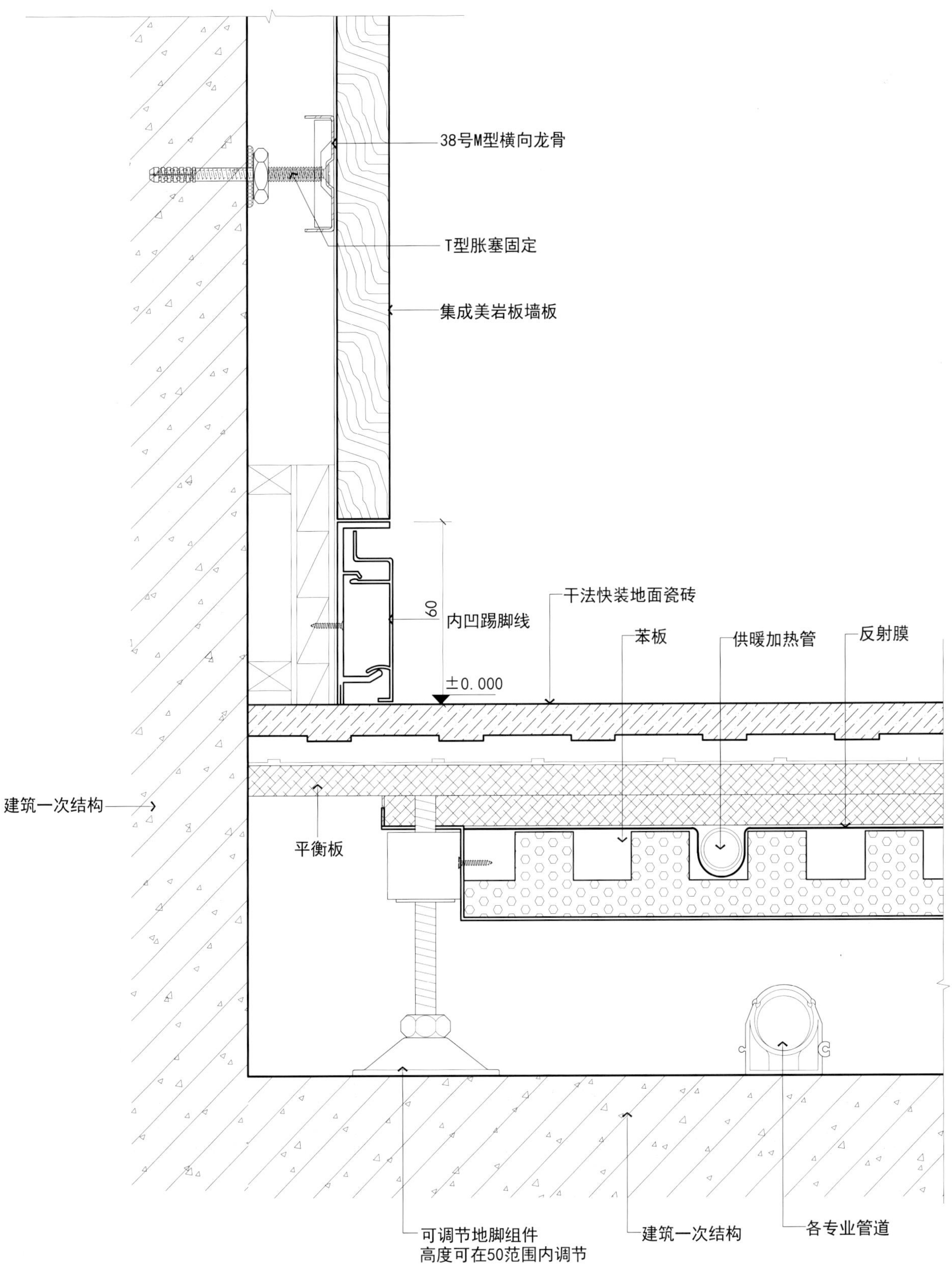
38号M型横向龙骨
T型胀塞固定
集成美岩板墙板
干法快装地面瓷砖
60
内凹踢脚线
±0.000
苯板
供暖加热管
反射膜
建筑一次结构
平衡板
可调节地脚组件
高度可在50范围内调节
建筑一次结构
各专业管道

内凹踢脚线收口线条节点剖面图

1:2

7.2 齐平踢脚线收口线条

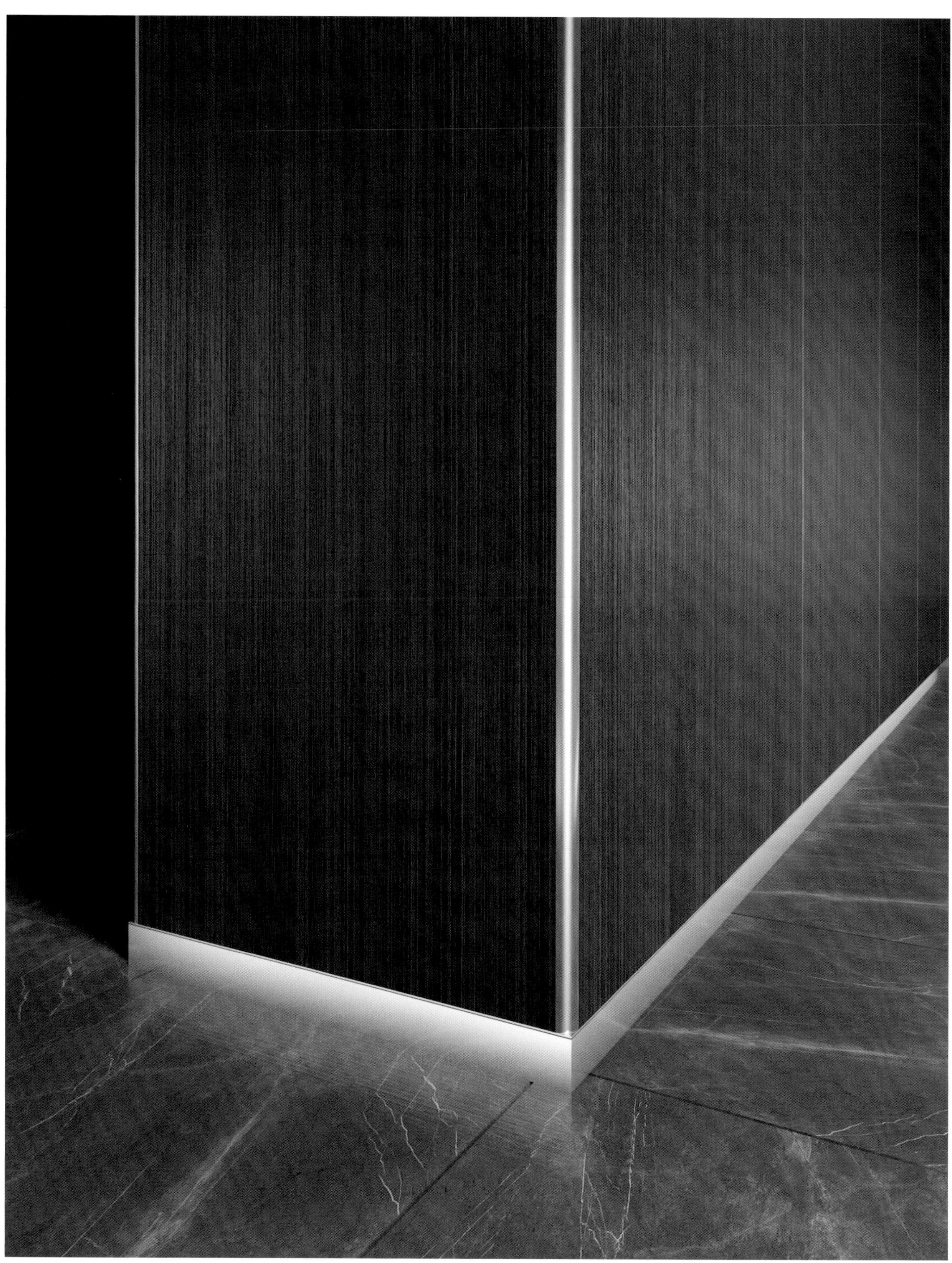

场景展示图

解析 本例展示插接式施工集成墙板与架空楼地面系统收口处的节点构造。架空楼地面系统完成后，安装铝合金踢脚线，安装固定插接式连接龙骨，集成墙板通过两侧所开企口槽连接为一体。该工艺适合于 10mm、12mm、15mm、18mm 厚的集成墙板干法作业，安装快捷，便于更换。

三维剖视图

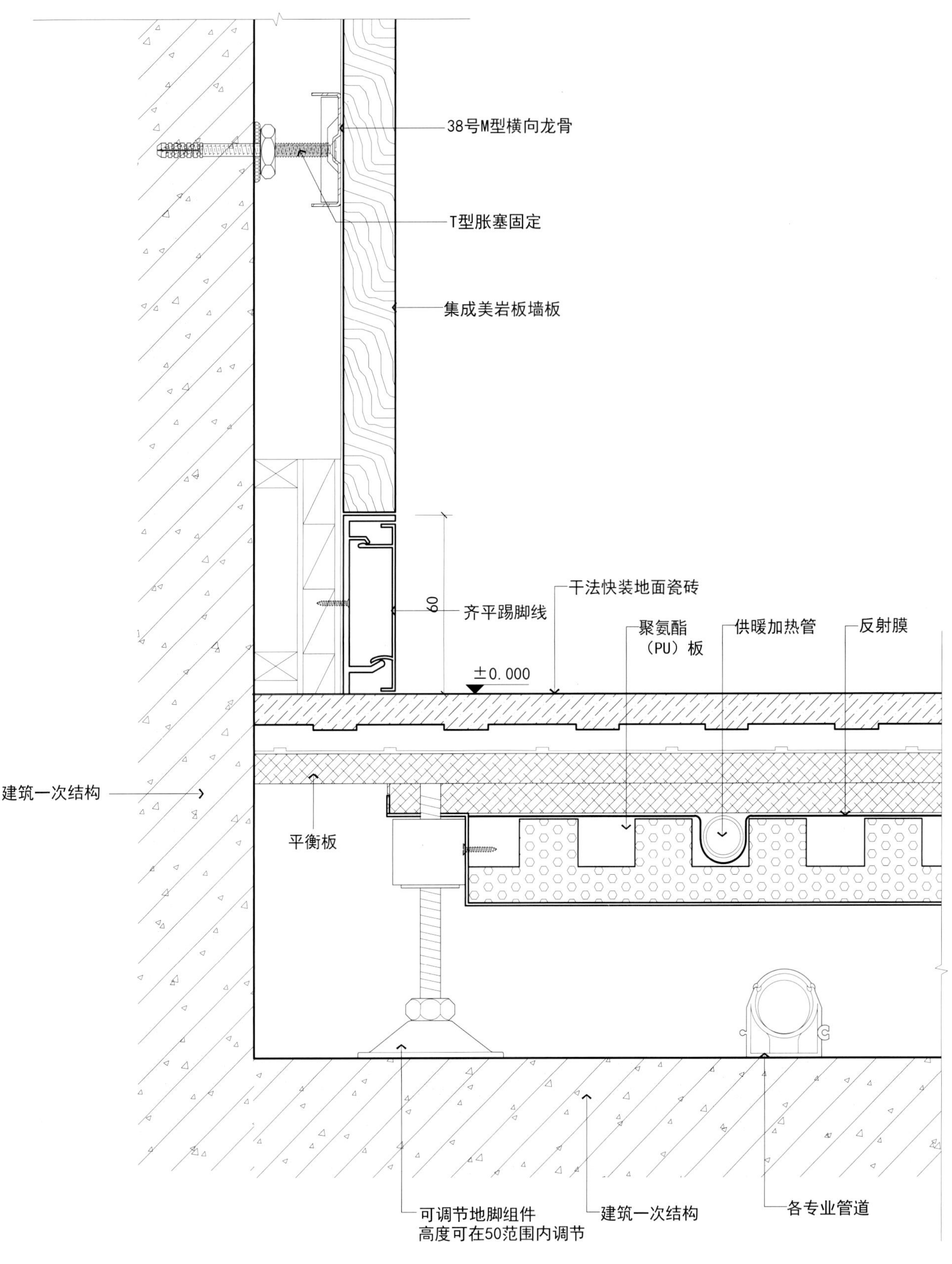
38号M型横向龙骨
T型胀塞固定
集成美岩板墙板
干法快装地面瓷砖
60
齐平踢脚线
聚氨酯
（PU）板
供暖加热管
反射膜
±0.000
建筑一次结构
平衡板
可调节地脚组件
高度可在50范围内调节
建筑一次结构
各专业管道

齐平踢脚线收口线条节点剖面图

1:2

7.3　发光踢脚线收口线条

场景展示图

解析 本例展示集成墙板、架空楼地面踢脚线收口采用铝合金发光线条的节点构造。该工艺适合于背挂式、插接式的各规格集成墙板与踢脚线的连接，发光踢脚线既能起到对集成墙板的支撑作用，又能营造空间氛围，提升室内空间的舒适度。

三维剖视图

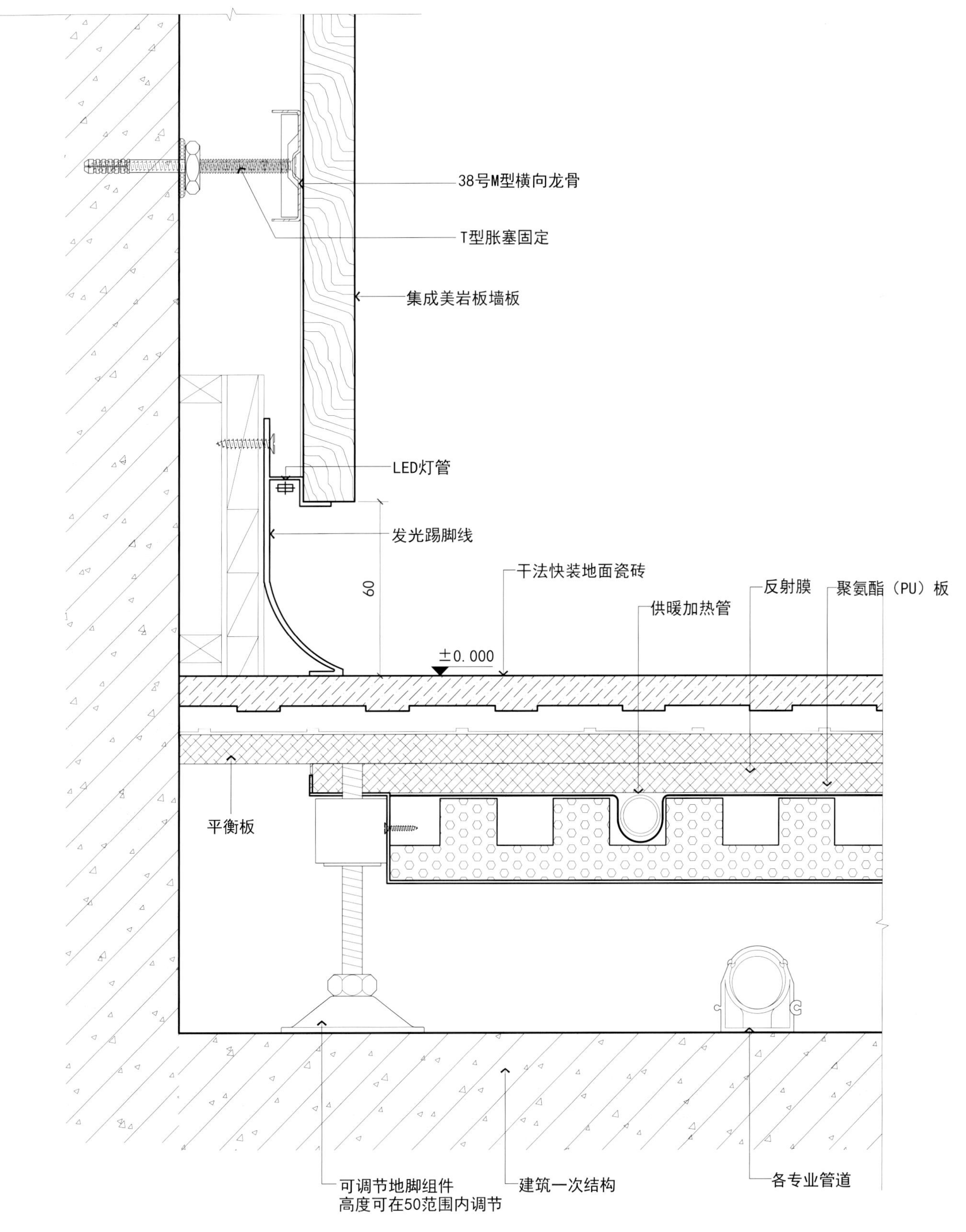
38号M型横向龙骨
T型胀塞固定
集成美岩板墙板
LED灯管
发光踢脚线
60
干法快装地面瓷砖
反射膜
聚氨酯（PU）板
供暖加热管
±0.000
平衡板
可调节地脚组件
高度可在50范围内调节
建筑一次结构
各专业管道

发光踢脚线收口线条节点剖面图

1:2